我的第一套动植物趣味百科地图

全彩
漫画版

CHAOJI KE'AI DE
JIDI
DONGWU JIA ZHIWU

超级可爱的
极地
动物+植物

张慧琴◎编著 李电波◎绘

浙江工商大学出版社
ZHEJIANG GONGSHANG UNIVERSITY PRESS

南极磷虾

南极狼

南极

帝企鹅

北极鸭

银莲花

北极

龙胆花

极地牛蝇

罂粟

你们好，动物、植物！

早上，当你背起书包上学时，你是否注意到，有无数生机勃勃的动物和植物，在上学的路上等你？

高大的白杨树在晨风中伸着懒腰，树底下的小草正打着哈欠，小狗欢快地跑来跑去，辛勤的蜜蜂在花丛中忙忙碌碌地工作着，蚁群匆匆忙忙地觅食……

接下来，那就让我们怀着一颗探索求知的心，去领略世界各地动物和植物们的风采吧！

在我们熟悉的亚洲，有世界上体型最大的猫科动物东北虎，有珍贵而古老的大熊猫，有长着"五只手"的熊狸，有能流毒汁的箭毒木……

在古老的非洲，有雄霸非洲草原的非洲狮，有鸟中之王鸵鸟，有身高和体重不成比例的猴面包树，有人见人怕的非洲食人鱼，有花中之王帝王花……

在神秘的美洲，有"身高"十几米的巨柱仙人掌，有懒得出奇的树懒，有懂得"种植"的切叶蚁，有头顶"皇冠"的梅氏马鹿，有全身透明的玻璃蛙……

在风光旖旎的大洋洲，有澳大利亚的象征——袋鼠，有长相奇特的鸭嘴兽，有"爱"吃肉的植物——负子毛毡苔，有会"笑"的笑翠鸟……

在遥远的欧洲，有征服全人类肠胃的卷心菜，有人见人爱的法国贵宾犬，有天然就可以驱除蚊蝇的迷迭香，有被误解了千年的发怒蜘蛛……

在美丽的海洋，有"好爸爸"狮子鱼，有动物界的"明星"海豹，有传说中的美人鱼儒艮，有美丽却剧毒的箱水母，有善于制造"世界最美饰品"的珊瑚虫……

在寒冷的南极和北极，有极具"绅士风度"的企鹅，有憨态可掬的北极熊，有美丽而可爱的驯鹿，有"最职业的旅行家"北极燕鸥，有以几何级数繁殖的旅鼠……

想进一步了解它们吗？请翻开"我的第一套动植物趣味百科地图"丛书吧，一切尽在其中。

（特别感谢参与本书编写并付出艰辛劳动的各位学者胡庆芳、宋晓甫、郭凤英、张慧琴、李志明、尹红、赵智、杨丹枫、江民玉、汤来先、李志荣、杜海龙、石楠、武杰、刘志新、刘俊萍、江胜萍、孙镇镇、崔明磊、曹付雨、董欣、张洪乾、穆丽英等，在此一并致谢！）

目录

012 | 01 南极的主人——企鹅

014　一身黑白礼服的帝企鹅

015　跳远健将——阿德利企鹅

016　脖子带有黑色条纹的帽带企鹅

017　附录　非洲企鹅

018 | 02 地道的旅行者

020　聪明的飞行家——黄金鸻（héng）

021　天生爱旅行的北极驯鹿

022　极地"忙碌的小型收割机"——旅鼠

023　远程飞行冠军——北极燕鸥

024　附录　故事大比拼

026 | 03 抗寒勇士

028　怕热不怕冷的极地冰虫

029　极地抗寒冠军——北极鸭

030　北极狐

031　附录　晒一晒部分耐寒的动物们

032 | **04 忠诚的"像阳"花**

034　有着美丽传说的银莲花

036　花如杯子般的罂粟（yīng sù）

037　像太阳的山金车花

038　极具观赏性的花草——龙胆花

039　附录　忠诚的"向阳"花——
　　　向日葵

040 | **05 它们在极地也可见**

042　令驯鹿痛苦难耐的极地牛蝇

043　像小蜘蛛一样的北极黑蝇

044　白天才出来捕食的极地猫头鹰

045　"个头"较大的极地蜘蛛

046　附录　关于蜘蛛的哲学

048 | **06 两极之最**

050　比较凶猛的北极蚊子

051　有着超强繁殖能力的旅鼠

052　极地数量最多的物种——南
　　　极磷（lín）虾

052　北极最香的陆地动物——麝
　　　（shè）香牛

054　附录　神秘莫测的北极旅鼠

056 | **07 来自北冰洋的鱼**

058　没有"礼貌"的北极鲑（guī）鱼

059　逃跑有术的北极乌贼

060　漂亮而聪明的蝶鱼

061　行为奇怪的毛鳞鱼

062　附录　信息加油站

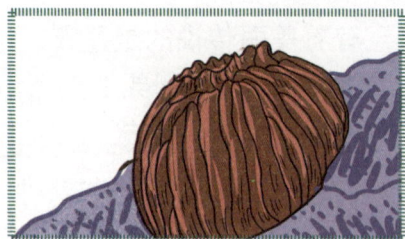

064 | **08 "远古"居民**

066　拥有长长触手的栉（zhì）
　　水母
067　不是植物是动物的海绵
068　美丽如花的南极毛头星
069　附录　地球上的"活化
　　石"——鲎（hòu）

070 | **09 难得一见的"高个子"**

072　"身材"高挑的欧洲云杉
074　"冷不怕"的西伯利亚冷杉
075　极地的著名"巨人"——西
　　伯利亚云杉
076　雌雄同株的落叶松
077　附录　泰加林

078 | **10 就是这么怪**

080　茎叶如发的南极发草
081　只爱在0℃下生存的南极
　　冰鱼
082　一点儿也不像猪的海猪
083　附录　其他奇奇怪怪的动物

084 | **11 挡不住的一抹绿**

086　只为开满一片红的岩高兰
087　冬季会落下叶子的越橘
088　放弃结果的酸果蔓
089　附录　信息加油站

090 | **12 极地的异洲侨民**

092　超级旅行家——北极燕鸥

094　喜欢不劳而获的贼鸥

095　爱热闹的雪雁

096　来自澳大利亚的"旅行家"
　　　红腹滨鹬（yù）

097　飞鸟之王——漫游信天翁

098 | **13 两极共有的植物**

100　一种低等的"高等植物"——
　　　苔藓

101　极地"长寿星"——地衣

102　不怕冷、不怕"脏"的雪藻

103　藻类的"始祖"——蓝藻

104 | **14 极地的伪装大师**

106　北极的"大人物"——北极熊

107　"雪地精灵"——北极狐

108　一身白色的北极兔

109　附录　珍贵的皮毛

110 | **15 极地深海的奇异生物**

112　像无数小蛇缠绕在一起的筐
　　　蛇尾

113　行动迅速的沙蚕

114　来自8千米深海的美丽动
　　　物——软珊瑚

115　有着能发电毒刺的鳐（yáo）鱼

116　附录　海洋深处的其他奇异
　　　动物

118 | **16 天敌对对碰**

120   旅鼠与北极狐

121   海豹与企鹅

122   驯鹿与北极狼

124   北极熊与海豹

125   附录 "四不像"的驯鹿

126 | **17 臭臭一族**

128   鼬中老大——狼獾（huān）

129   臭屁有声的臭鼬（yòu）

130   能喷臭油的南极管鼻鹱（hù）

131   附录 来自植物界的臭臭一族

132 | **18 与因纽特人生活密切相关的动物**

134   因纽特人最爱的食物——驯鹿

135   因纽特人的食物之一海象

136   因纽特人心存感激的动物——鲸鱼

137   附录 信息加油站

138 | **19 一切为了生存**

140   一切困难都难不倒的蒲公英

141   有着"别出心裁"想法的北极棉花

142   "个子"只有两三米的黑鱼鳞松

143   附录 北极苔原带和冻土层

144 | **20 极地"销户"的居民**

146　1万年前的陆地老大——猛犸（měng mǎ）

147　有着悲惨命运的斯特勒海牛

148　一点儿也不像龙的水龙兽

149　曾经的南极霸主——南极火蜥蜴（xī yì）

150　因人类捕杀而绝灭的南极狼

151　附录　"美人鱼"

152 | **21 北极常见鸟类**

154　北极的"卡通脸"——大西洋角嘴海雀

156　最顽强的鸟——柳松鸡

157　格陵兰"黑天使"——黑雁

158　附录　迷路的红胸黑雁

160 | **22 它们有个共同的名字——鲸**

162　优秀的"口技"表演家——白鲸

163　世界上稀有的鲸——北极露脊鲸

164　北极的"神秘人物"——北极角鲸

165　生性凶残的虎鲸

166　地球上最大的哺乳动物——蓝鲸

167　喜欢在深水里游的抹香鲸

168　附录　鲸鱼名片大搜集

170 | **23 海豹家族**

172　南极的"大个子"——威德尔海豹

173　南极的"冷血杀手"——豹海豹

174　有着大鼻子的南象海豹

175　胆小如鼠的髭（zī）海豹

01 南极的主人——企鹅

企鹅身上披着厚厚的"羽绒服"，身体内藏着厚厚的脂肪。正因为有了这些御寒的"设备"，企鹅才不怕冷，才能生活在地球最寒冷的大陆上——南极洲，并成为南极洲真正的主人。

▼ 帽带企鹅善于游泳，每小时能游 24 千米

南

一听到"妻子"熟悉的声音，雄性帝企鹅就会高高兴兴地带着孩子们与"妻子"在一起，共享"天伦之乐"

雄性阿德利企鹅负责"选址"，雌性阿德利企鹅负责"建筑"

一身黑白礼服的帝企鹅

帝企鹅是"皇帝企鹅"的简称，它们主要生活在南极大陆的沿海区域。

帝企鹅非常高大，最大的身高接近 1 米，是企鹅家族中身体最高大的一种。因为它们以无与伦比的"身体"优势占据着企鹅家族的领袖地位，故被冠名为"帝企鹅"。

的确，帝企鹅个个身穿黑白分明的礼服，脖子上扎着金黄色的"领结"，总是昂着头挺着胸，派头十足。

让人意想不到的是，在帝企鹅世界里，雄性帝企鹅居然是十足的"贤内助"。话说雌性帝企鹅产卵后就离家出走，到大海里逍遥自在去了。这时候，雄性帝企鹅会主动承担起"孵卵"的重任，而且尽职尽责、一丝不苟。在孵化小企鹅长达 9 周的时间里，帝企鹅爸爸们紧紧地依靠在一起，互相吸收对方的体温，共同面对极地的严寒，尽自己的最大努力孵化下一代。

9 周过去了，吃饱了，玩够了，补充完营养之后，雌性帝企鹅很准时地回到丈夫和孩子身边。也许你会问，这时雌性帝企鹅是怎样认出分别已久的丈夫和素未谋面的孩子的呢？我们一点也不用为它们担心，因为雌性帝企鹅自有它们的一套办法，那就是依靠鸣叫声。

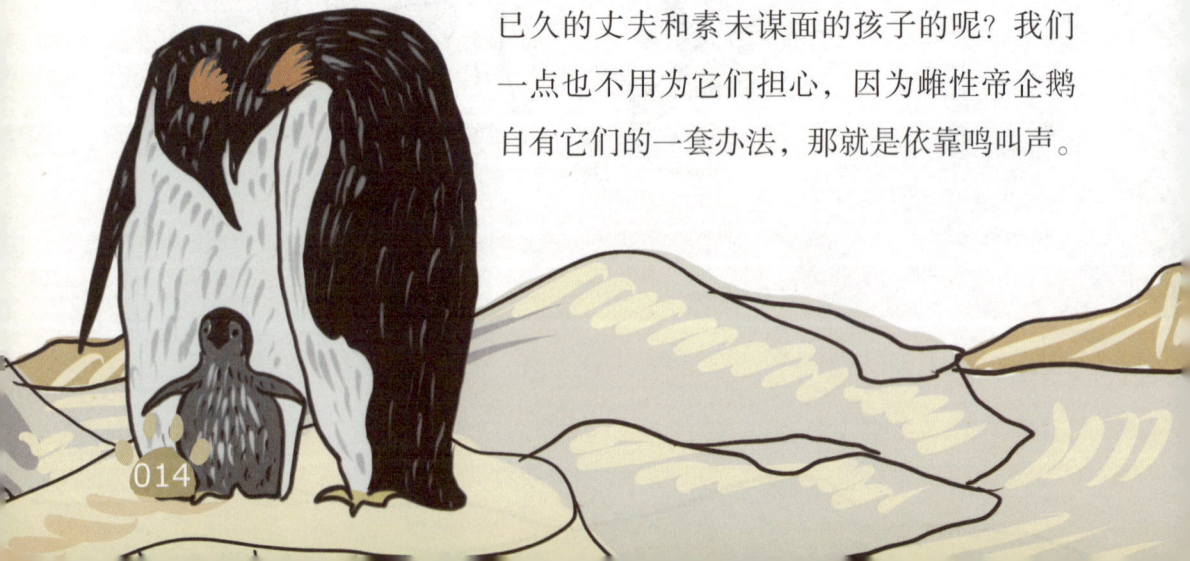

一听到"妻子"熟悉的声音，雄性帝企鹅就会高高兴兴地带着孩子们与"妻子"在一起，共享"天伦之乐"。

跳远健将——阿德利企鹅

1840 年，法国探险家迪尔维尔来到了南极大陆。在南极，他看到了一种奇怪的企鹅。这种企鹅身高有半米多，头部呈蓝绿色，脚是铬黄色。迪尔维尔惊喜万分，他决定用自己妻子的名字为这种企鹅命名，从此这种企鹅就被称为了"阿德利企鹅"，阿德利企鹅生活的这片土地也被称为阿德利地。

阿德利企鹅是企鹅家族中的跳远健将。

春天来了，阿德利企鹅会从因为冰雪消融而与大陆隔开的阿德利地集体前往南极大陆，这次迁徙要游过浮冰密布的海洋，但勇敢的阿德利企鹅毫不畏惧，它们一个个争先恐后地跳进冰冷的海水里。凭借本能，一只阿德利企鹅一跃跃起了两米多高，稳稳地落在前进道路上浮冰的冰面上。于是其他阿德利企鹅个个左顾右

盼着，大声鸣叫着，然后一个接着一个跳到浮冰上，集体跃过浮冰，继续向南极进发。

除了是"跳远健将"，阿德利企鹅还是"筑巢高手"。筑巢的时候，雄性阿德利企鹅负责"选址"，雌性阿德利企鹅负责"建筑"。这时雄性阿德利企鹅常常趁邻居不注意的时候迅速啄一块别人家的石子，扔到妻子的脚下。当"偷"来的石块足够时，一个新家就建成了。

脖子带有黑色条纹的帽带企鹅

帽带企鹅可不是普通的企鹅，它们脖子上有一条黑色的条纹，这颇像一些国家军官的帽带，使帽带企鹅看起来多了几分威严。俄国人称呼帽带企鹅为"警官企鹅"，不知道帽带企鹅在日常生活中是否会担负起维护"企鹅社会"秩序的重任。

帽带企鹅善于游泳，每小时能游 24 千米。在大海里，帽带企鹅不停地捕食浮游动物，像磷虾、小鱼，都是它们的美食。

帽带企鹅会在每年 11 月份产卵，这时候正是南极的夏天，是企鹅进行孵化、育雏的最好时间。帽带企鹅是公平的家长，它们找到食物后，对刚出生孩子们的喂养一视同仁。

3 个月后，企鹅宝宝们在父母的精心照顾下就长大了。这时候，它们会自觉地离开父母，融入到大的族群中去。

非洲企鹅

　　不仅南极洲有企鹅，非洲也有企鹅。生活在非洲的一种企鹅特别喜欢鸣叫，而且叫得很难听，像是驴子嚎叫一样，所以人们给它们起了个难听的绰号——"叫驴企鹅"。

　　由于非洲企鹅生活的南部非洲既无严冬又无酷暑，环境非常舒适，跟它们的南极亲戚相比，它们简直就像生活在天堂里一样。所以非洲企鹅显得懒洋洋的，似乎一天到晚无所事事。

　　不过，由于人类的大量捕杀，非洲企鹅的数量在一天天减少，如果不抓紧对它们进行保护，它们恐怕会有灭绝的可能。

非洲企鹅

02 地道的旅行者

　　地球的南北两端，终年都被厚厚的白雪包围着，气候非常寒冷，整个冬天见不到一次太阳，然而就是在这样的冰天雪地里却生活着一些不畏严寒的小动物们，它们是怎样征服极地成为赢家的呢？让我们去认识一下它们吧。

▼ 当黄金鸻遇到强敌时，并不只是一味强打，显得非常机智：它们能打则打，打不过便装成翅膀折断的样子，让对方信以为真，拼命追赶它们，不知不觉地将对方引出它们的领地

北

◀ 生活在北极的燕鸥，每当秋天来临，就会展翅向南极飞去

▲ 驯鹿最伟大的壮举，就是每年都要进行一次长达数百千米的大迁徙

◀ 一只旅鼠一年可以吃掉 45 千克的食物

聪明的飞行家——黄金鸻（héng）

在极地，每到秋天就会有一群背部长着金黄色斑点的大鸟叽叽喳喳地从空中飞过。它们是极地的一号旅行家——黄金鸻。

"我们是了不起的飞行家。"

如果按飞行的长度和速度来说的话，黄金鸻可以称得上是鸟类中的飞行家。因为从处于北极圈内的加拿大南部海岸飞往阿根廷草原过冬，它们要一口气飞行 4500 千米。据说黄金鸻能够连续飞行 48 小时，这是其他鸟类想都不敢想的。

黄金鸻的飞行技术同样毫不逊色。在飞行中，它们可以精确地选择出最短路线，并且能够毫不偏离地到达目的地。黄金鸻有这样非凡的飞行技术，让人不禁怀疑它们身上是否装有"导航系统"。

"虽然我没你们厉害，但我可不怕你们。"

除了是飞行家，黄金鸻还非常勇敢。如果有狐狸或者猎人进入它们的领地，它们会奋力与入侵者战斗。正因为这样，有很多鸟儿常常把巢安在黄金鸻的领地内，以求"保护"。不过，当黄金鸻遇到强敌时，并不只是一味强打，显得非常机智：它们能打则打，打不过便装成翅膀

折断的样子，让对方信以为真，拼命追赶它们，不知不觉地将对方引出它们的领地。黄金鸻很聪明吧。

天生爱旅行的北极驯鹿

黄金鸻是极地出了名的旅行家，不过它们的好朋友似乎比它们更出色。这就是生活在欧亚大陆、北美和西伯利亚南部的北极驯鹿。

北极驯鹿在鹿家族里算是中等个头，它们长着长长的角和脖子、短小的耳朵，还有一对大而宽的脚掌。凭借这样的脚掌，它们可以在雪地和崎岖的山路上行走自如。

"我们爱旅游，没有什么能够挡住我们旅行的脚步。"

驯鹿最伟大的壮举，就是每年都要进行一次长达数百千米的大迁徙。北极驯鹿主要吃苔藓、地衣等低等植物，有时也会吃树木的枝条、嫩芽、叶子以及嫩青草等。到了食物比较匮乏的冬天，这些食物没了，它们就必

须去寻找有新鲜食物的地方。

"没有食物，我们只能去寻找！"

北极驯鹿在迁徙的途中总是边走边吃。天气热了，它们便脱掉厚厚的"衣服"。它们一般是不紧不慢地走着，只有当遇到猎人或者狼群时才会拼命地跑一阵。

极地"忙碌的小型收割机"——旅鼠

如果到了北极的苔原地区，你就会看到一些长得像小老鼠一样的动物。其实，它们并不是老鼠，而是生活在北极的旅鼠。

每年有一段时间，旅鼠的数量会猛然间大幅度增加，就好像天兵天将突然降临北极一样，所以人们给它们起了个名字叫"天鼠"。

旅鼠长得非常普通，除去尾巴，长一般只有 15 厘米左右，但是它们很机灵、很可爱。

"别看我们小，我们吃得多，跑得快。"

旅鼠可以在一天内迁徙 16 千米，这样的距离相对于它们的小身体来说，可是一个很了不起的数字。跑得快自然消耗的能量也就多，一只旅鼠一年可以吃掉 45 千克的食物，简直像一台"忙碌的小型收割机"。

远程飞行冠军——北极燕鸥

"一年旅行半个地球,我们北极燕鸥才是真正的旅行家!"

谁能够一生飞100万千米以上?谁能一次飞过半个地球?当然是我们的远程飞行冠军北极燕鸥了。北极燕鸥虽然长得小巧玲珑,但却矫健有力。

生活在北极的燕鸥,每当秋天来临,就会展翅向南极飞去。而当北极春天快要到来时,它们又会从南极飞回繁衍下一代。

在两极之间往返一次,这就意味它们要绕地球飞一圈。即使我们用飞机在两极之间往返一个来回都不是一件容易的事,而北极燕鸥在没有任何飞行辅助工具的情况下,却能准确无误地做到,可见它们飞行技术有多高超。

故事大比拼

在极地冰天雪地里生活的小动物们，凭借智慧、勇敢及生存技巧坚强地与恶劣的环境做斗争。我们一起去看看发生在它们身上的故事吧。

黄金鸻

无私的爱

当遇到天敌来袭时，为了保护幼鸟，黄金鸻会装成折断了翅膀的样子，以牺牲自己的方式来吸引敌人的注意，最后往往是幼鸟安全了，它们却付出了自己的生命。

团结最重要

北极燕鸥平时争强好斗，内部经常争吵不休，但一遇外敌入侵，它们立刻会抛却前嫌，一致对外。它们经常会聚成成千上万只的大群，看到如此架势，就连强大的北极熊也怕它们三分。曾经有头北极熊试图悄悄将北极燕鸥的蛋偷走。北极燕鸥发现后，立即成群结队冲过去，用坚硬的喙猛啄北极熊的脑袋。最后北极熊只好灰溜溜地

北极燕鸥

逃跑了。

旅鼠的自杀

旅鼠的繁殖能力十分惊人，但是当它们的种群发展到相当规模时，它们中的一部分就会选择自杀。平时胆小无比的旅鼠会主动对天敌发起挑衅，故意让天敌发现自己。但是天敌的数量毕竟还是太少，最后成千上万只旅鼠只能结伴来到海边，相继跳到海水中自杀，以减少种群的数量。

旅鼠

03 抗寒勇士

在天寒地冻的极地，有一群动物，在零下几十度的恶劣环境下繁衍生存。它们没有暖气，没有火炉，更没有空调，在一片到处是茫茫白雪的土地上，在一个令我们难以想象的温度下，默默地生活着，生生不息。可以说，它们是真正的抗寒勇士。

南极

◀ 冰虫一生都只能生活在寒冷的环境中，它们一点也享受不了温暖的阳光

北极

北极鸭能承
受－110℃寒冷的
考验

北极狐懂得如
何应付气候的变
化和凶猛动物的
骚扰

怕热不怕冷的极地冰虫

一般动物或植物都喜欢太阳，因为在温暖的阳光里，它们可以生长得快乐而健康。可是，偏偏就有一类动物却不喜欢太阳，它们就是整天生活在冰窟里的极地冰虫。

"我们住的可都是'水晶房'啊！"

在极地冰天雪地里，当许多动物被冻得难以忍受时，在极地冰窟里的无数条极地冰虫却生活得舒适自然。一天大部分时间它们都生活在冰里，只有在太阳落山后，它们才会走出冰窟，去外面找点海藻或者其他食物吃。

"我们不是抗旱高手，但却是抗寒勇士哦。"

虽然冰虫素有"抗寒勇士"的称号，但是它们的抗寒能力也是有限度的。如果是在突然降温的天气状况下，这时候的空气里温度很低，冰虫也会被冻住，这时候被冻住的冰虫往往一碰即断。不过，一旦遇到合适的温度，它们又会复活。

冰虫一生都只能生活在寒冷的环境中，它们一点也享受不了温暖的阳光。因为阳光的烘烤会使它们立即丧命！科学家们的实验证明，冰虫只要在4℃以上的环境中待一会儿，就会渐渐化成一团黏稠物。

极地抗寒冠军——北极鸭

在北极，有一种比较耐寒的动物——北极鸭。

不久以前，挪威科学家曾对北极这片土地上的"居民"做过一个关于耐寒的实验，结果在耐寒界夺冠的是北极鸭。

你也许不会相信，但事实就是如此。因为北极鸭能承受 -110℃寒冷的考验；而被誉为耐寒象征的北极熊，却只能承受 -80℃的考验。因此我们得为北极鸭授予这个荣誉，耐寒冠军的头衔应归北极鸭，而不是北极熊。

北极鸭抗寒的本领能如此强，要归功于它们身上那"两层"厚的鸭毛。因为它们体外除了有一层厚厚的鸭毛保护着，羽毛的里层还有一层厚厚的细毛包裹着。身上有这样一件"羽绒服"，不是抗寒高手才怪呢！

北极狐

冬天，北极白雪飘飘，白茫茫的一片。在这样的环境里，除了北极熊、灰熊等外，还生活着另外一群"不怕冷"的动物——北极狐。

北极狐身上的毛其实是浅蓝色。但一到冬天，大雪纷纷，在白雪的映衬下，北极狐的毛就"变"成了白色，看上去像是穿上了一件漂亮的白色"羽绒服"。因此，北极狐又叫白狐。

"别看我们小，我们聪明着呢！"

北极狐体长不过50—60厘米，加上尾巴也不过70—85厘米。相对于北极熊和北极狼的凶猛和粗壮来说，北极狐在北极这片土地上想要生存下去似乎略显艰难。但是北极狐很聪明，它们懂得如何应付气候的变化和凶猛动物的骚扰。因此它们又有"北极小精灵"之称。

北极狐能在 -50℃的气温下正常生活，根据科学家的实验，它们还能忍受 -70— -80℃的严寒。

晒一晒部分耐寒的动物们

尼日利亚蝇

尼日利亚蝇

科学家曾把尼日利亚蝇放在 −190℃的液态氧中，被放进去的尼日利亚蝇居然在里面照常生存了 47 个小时。即使在 −270℃的液态氧中，它们也至少能 5 分钟内不会死掉。

海豹

海豹

根据科学家测试，海豹在北极地区的居民中抗寒能力居前列，仅次于北极鸭。它们能在 −90℃的温度条件下生存。

灯蛾毛虫

灯蛾毛虫堪称世界上最耐寒的动物之一，它们能在 −70℃的状态下冬眠。即使当它们的血液和其他体内的液体处于结冰状态，它们依然能够生存。

灯蛾毛虫

企鹅

企鹅耐寒想必大家都知道。企鹅抗寒本领这么厉害得功归于它们身上的羽毛。企鹅的羽毛层层叠叠，呈密接的鳞片状，不但海水不能浸透，在 −100℃的严寒天气状况下，冷气也休想攻破它们组成的"温暖防线"。

企鹅

04 忠诚的"像阳"花

　　极地的世界，跟我们这里一样，夏天一到，柳绿花红，鸟飞鹿鸣，无处不彰显着生机与活力。在极地，有透明的冰山，有一群群的动物，还有一些开得像太阳一样灿烂的花儿。

◀ 银莲花一般喜欢生长在比较凉爽的高地

▼ 罂粟可算得上是太阳的超级粉丝

◀ 作为忠诚的"像阳"花一族，山金车花长得也酷似太阳

北极

▲ 在北极，龙胆花是一种很常见的花

◀ 银莲花

有着美丽传说的银莲花

也许，你见过一种有 5 个花瓣、喜欢沐浴在阳光下且很像太阳的花朵，它们经常被用做盆景供人欣赏，它们就是美丽的银莲花。

银莲花一般喜欢生长在比较凉爽的高地，它们最怕的就是炎热。因此，在寒冷的北极你也能够看到它们的身影。

银莲花是一种与爱情有关的花，在古希腊神话中就有两个关于银

莲花的传说。

一种说法是阿莲莫莲和风神瑞比修斯相爱，遭到花神芙洛拉的嫉妒，盛怒之下花神把阿莲莫莲变成了一朵银莲花，让她和风神瑞比修斯永远不能相爱。因此每当微风吹来时，银莲花总是随风轻轻摇摆，好像是阿莲莫莲在对恋人诉说自己的思念。

另一种说法是，美神阿佛洛狄忒爱上了长相英俊并酷爱打猎的人间英雄阿多尼斯，但是在一次打猎过程中阿多尼斯被野兽害死，他胸口流出的鲜血变成了银莲花。

两个传说的结局都很凄美，所以在人们的眼里，银莲花便成了一种带着凄凉和寂寞的花。而且，在风中摇曳的银莲花，像是在召唤着什么，所以，银莲花也象征着一种期待。

"喜欢我吗？那就让我做你家的盆景吧！"

花如杯子般的罂粟（yīng sù）

与银莲花一样，罂粟也是一种长得像太阳并且很喜欢阳光的花。

罂粟可算得上是太阳的超级粉丝。它们长着杯子形状的花朵，绚丽的花瓣更像一面聚光镜，可以把太阳的热量直接汇聚到花蕊上。罂粟达到一定的温度，才能正常发育和生长，一旦缺失阳光，就很难正常成长。

因此在每年的4月份到6月份，北极阳光充足的这段时间里，生活在北极广大地区的罂粟，会抓紧时间发芽、生长，最终绽放出美丽的花朵，借此来表达对太阳的忠诚。

"没有你，我们就不能活下去。"

罂粟不仅对太阳真诚，它们对人类的贡献也不小呢！罂粟长得非常娇艳动人，很久以前人们就把它们作为欣赏的花朵种植了。当然，它们对人类的最大贡献还是药物价值。人们可以从罂粟中提取某些成分制成药物，用以减轻病人的痛苦。

可是，这样一种可以入药救人的植物，如果被坏人利用，也会成为危害人类的毒药。罂粟能减轻病人的疼痛不假，但如果服食过多就

会让人对其产生生理性依赖，甚至会致人死亡。

"我本想帮助你们，没想到却被坏人利用，真是对不起啊！"

像太阳的山金车花

在北极和北美洲生长着一种长得像太阳的花。

作为忠诚的"像阳"花一族，山金车花长得也酷似太阳。与其他"像阳"一族不一样的是，它们的整个花头都是橘黄色，十几片花瓣平铺开来，正好围成一个圆形，中间夹着一个黄色的花蕊，从远处一看，像极了露出笑脸的太阳。特别是在太阳的照射下，那一朵朵开放着的山金车花，闪耀着无比夺目的金黄色光芒，就像一个个活力四射的小太阳。

山金车花除了长得像太阳，也是一种很重要的药材。山金车花的花头和根部都能使用，人们常把它们用做止痛剂、祛痰剂和兴奋剂。另外山金车花还可以制成药膏，涂在皮肤上可以起到治疗创伤、淤伤和皮肤过敏的作用。

极具观赏性的花草——龙胆花

单听名字你也许就会把它们和苦苦的龙胆联系在一起，事实上，龙胆花正是因为它的根像龙胆一样苦才得名的。

在北极，龙胆花是一种很常见的花。它们喜欢生长在海拔较高的地方。虽然长在高处，但龙胆花的个头却不高，最高的也不过30厘米。在寒冷的北极，为了适应环境，它们经常还贴着地面生长。

不过，你也别小瞧这些长得矮的龙胆花们，其实它们的作用可不小呢！

在草丛中，在高山上，在岩石旁，它们随着风儿轻轻地摇摆，实在是迷人极了。因为它们多姿多彩，因此曾被誉为最具观赏价值的植物之一。

龙胆花的作用不仅仅在于满足人们的视觉欣赏需要，它还是一种不可多得的药材。要说它们在为人类治疗疾病方面的"建树"，那可是多了去了。它们经常被人们用来治疗肝胆疾病、高血压、急性肾盂肾炎、角膜病、皮肤病等。

忠诚的"向阳"花——向日葵

说到向日葵，想必大家再熟悉不过了。

向日葵是一年生草本植物，原产于北美洲，但现在世界各地都有栽培。它们的"身高"大致在 1—3 米之间；花朵形状像一个盘子，一片片花瓣围成一个圆形，四周重叠着黄色的花瓣，在花瓣的中央长满了我们爱吃的果实——葵花子。

旭日东升，娇艳欲滴的向日葵就面朝太阳，慢慢地随着太阳的移动而改变自己的方向，使"花盘"的正面始终朝向太阳。由于它们总是不断地跟着太阳转，人们才称它们为"向日葵"。

俄罗斯人非常喜欢向日葵，因此他们将向日葵选为俄罗斯的国花。

向日葵

05 它们在极地也可见

与其他地区的动物相比，极地上的动物少得可怜。因为这里的环境太恶劣了，抗寒能力差的动物常常会被冻僵。不过，我们生活中很多常见的动物，在极地还是有可能存在的。

▼ 一到冬天，极地的猫头鹰就会披上一件雪白的斗篷

▲ 极地的蜘蛛要比
生活在我们身边的
蜘蛛大得多

北极

▼ 北极黑蝇不仅体型
看起来强悍，嗅觉能
力也是超一流

▲ 极地牛蝇个头很小

令驯鹿痛苦难耐的极地牛蝇

极地牛蝇是一种卑鄙无耻的"寄生虫"。

顾名思义，牛蝇就是依靠吸食牛身上的营养而谋求生存的一种"苍蝇"。可是牛蝇比一般的苍蝇更可恶，它们"喝牛血"。在极地生活的极地牛蝇通常寄生于驯鹿的身上。

"我们是小，全靠寄生，可是小有小的好处。"

极地牛蝇个头很小，比普通的苍蝇也就大那么一点点。可就是这种小昆虫，却能把驯鹿折磨得死去活来。

牛蝇把卵产在驯鹿的绒毛里，孵化出来的小牛蝇就会钻进驯鹿体内在里面生活，稍微再长大一点它们就钻到驯鹿的脊骨附近，并且在驯鹿的后背上开一个"天窗"，以便呼吸一些新鲜的空气。直到它们真正长大后，才会钻出驯鹿的体外。

极地牛蝇在驯鹿体内的这一番折腾，会让驯鹿痒得浑身难受。驯鹿会痛苦地上蹿下跳，最严重的还会导致驯鹿因为精疲力竭而死亡。

"我们可是一种有生命力的动物，在驯鹿体内不会死去的。"

像小蜘蛛一样的北极黑蝇

在极地，我们也能见到黑蝇在飞舞。虽然它们的"舞姿"并不是那么优雅，但也足以让你大为吃惊，因为它们顽强的生命力实在让人敬佩。

为了适应北极的气候，黑蝇进化得异于常"蝇"——个头比较大，看起来像一只只小蜘蛛。

"只有长得比较大，在极地才有出路。"

北极黑蝇不仅体型看起来强悍，嗅觉能力也是超一流。在北极，即使你在距离它们很远的地方，它们也能闻到你的气味。

最可恶的是，当它们闻到人的气味后，便会立刻成群结队地飞来。随后围在人的身边团团转，并发出轰炸机似的声音，吵得你不得安宁。

它们还会一头扎进你的皮肤里，吸你的血，同时吐出一种毒液，直到你的皮肤凸起一个个大包。这点，北极黑蝇比其他黑蝇狠多了。

白天才出来捕食的极地猫头鹰

猫头鹰喜欢在晚上活动，要不然人们怎么会叫它们"夜猫子"呢？

可是在极地，你的这个看法就需要改变一下了。极地的猫头鹰是白天忙碌，晚上休息，够奇怪吧。

因为极地的夜晚会非常寒冷，动物们一般都在温暖的"家里"避寒。这时候，猫头鹰要是出来觅食，肯定空"手"而归。所以生活在极地的猫头鹰也入乡随俗，在小动物们频繁活动的白天"动手"。

"怎么样，我们够聪明吧。"

一到冬天，极地的猫头鹰就会披上一件雪白的"斗篷"。你别小看了它们这身"白衣"，这可是它们的"迷彩服"，有了这身"衣服"，它们就可以轻易地接近猎物而不被发觉了。

"这身雪白的衣服在冬季可是一种最好的伪装，不仅能帮我们躲避敌人，还有利于我们抓捕猎物。"

"个头"较大的极地蜘蛛

别以为蜘蛛在遥远的极地就无法见到,其实蜘蛛这种动物的适应能力非常强。在极地,见到蜘蛛也不是一件多么困难的事情。

"我们也可以生活在极地,你觉得很奇怪吗?"

在北极,生活着很多种类的蜘蛛。它们已经适应了北极的寒冷和缺少食物的环境,并在那里坚强地繁衍着。

要是我们身边的蜘蛛遇见了极地蜘蛛,它们肯定会很好奇。因为极地的蜘蛛要比生活在我们身边的蜘蛛大得多。

"你们到底还是不是我们的亲戚,怎么变成了这副鬼样子,不仅个头比我们大很多,就连身上的绒毛也比我们厚得多。"

"没办法,都是极地惹的祸,极地太冷了,不这样,活不下去呀。"

有关研究表明,由于气候不断变暖,一种名为"冰川豹蛛"的北极蜘蛛的体型在近 10 年间平均增大了近 10%,从以前的"小不点儿"变成了现在的"大家伙"。

关于蜘蛛的哲学

有一只蜘蛛在房檐前结了一个网，把家安顿在这里。不料天有不测风云，在一个狂风暴雨的日子里，蜘蛛的"家"受到了严重摧残。它不得不向那个已经支离破碎的网爬去，但由于墙壁潮湿，它爬了好几次，总是爬到一半就滑了下来。

这时候有三个躲雨的人看到了蜘蛛爬上去又掉下来这一幕，并在心里有了自己的想法。

第一个人想：我的人生不就像这只蜘蛛一样吗？一生辛辛苦苦，但最后却碌碌

有蜘蛛网的房屋

无为。于是他从此变得颓废消沉了。

第二个人想：这只蜘蛛真笨，难道它不会拐个弯，绕到一个不潮湿的地方爬上去吗？我可不能像它那样愚蠢。遇到困难的时候，我应该认真思考，可能就会想出其他办法来。因此他渐渐地变得聪明起来。

蜘蛛与蜘蛛网

第三个人想：一只小小的蜘蛛居然有这么坚强的毅力，跌倒之后一次次又重新爬起来，难道我不该如此吗？在人生充满困难的时候，我就应该学习蜘蛛的这种精神。最后这个人成功了。

蜘蛛爬墙的故事，引出了人们的三个观点，三个人看到了三个不同的问题。你从蜘蛛身上学习到了什么精神呢？

06 两极之最

进入极地这片土地，我们一直不断地收获惊喜。如果你看了下面这些文字，如蚊子能置人于死地、旅鼠有着超强的繁殖能力，等等，告诉我，你会有什么感受呢？

南极

▶ 据科学家们推算，生活在南极海洋里的磷虾总重量在4—6亿吨

▲ 麝香牛身上能散发出一种迷人的香气，比喷了香水还香

北极

▲ 碰到适合生仔的年头，每只母旅鼠一年里可以产 6—7 窝

▼ 在去过北极的朋友圈里，流行着这样一句俗语：北极蚊子猛如虎

比较凶猛的北极蚊子

人人都讨厌蚊子，但如果你生活在北极，可能就不单单是讨厌它们了，更多的恐怕会是害怕它们。在去过北极的朋友圈里，流行着这样一句俗语：北极蚊子猛如虎。

那北极的蚊子到底有多厉害呢？

在北极生活的蚊子会经常聚集成一大群，漫无目的地飞来飞去，远远看去，它们好像一片流动的乌云。倘若你被它们盯上，那可就凶多吉少了。

因为北极蚊子有一个最大的特点，那就是嗜血如命，不管你的皮肤有多厚，它们都照样会去叮咬。即使你穿着很厚的衣服，它们也会将你的衣服咬破后潜入到里面去吮吸你的血液。

据说有一对去北极考察的夫妇，他们刚到草原上就被一群蚊子包围了。北极蚊子向他们发动了猛烈进攻，他们穿的牛仔裤很快被蚊子咬破，然后蚊子们从咬破的洞口飞进去吸他们的血；他们的帽子也很快被咬破，他们的头上立即起了像乒乓球大小的一堆包。不得已，他们

只能用手拼命捂着脸，结果双手被蚊子们叮得像馒头似的。他们用力往自己的脖子上一拍，手掌上立即一片鲜血淋漓。

有着超强繁殖能力的旅鼠

旅鼠是北极极为常见的一种小动物。身体呈椭圆形，四肢非常短小，体长不到 15 厘米，比我们生活中见到的老鼠个头要小一些。

别看旅鼠的个头小，它们的繁殖能力却大得惊人。在处处被白雪覆盖的 3 月份，当很多动物还在冬眠的时候，旅鼠们就已顺利产下了第一窝仔。

碰到适合生仔的年头，每只母旅鼠一年可以产 6—7 窝。一般情况下一窝会有 11 只小旅鼠。新生的小旅鼠们在 30 天后长大成熟，就已经具备生育下一代的能力了。

一般来说，一只从 3 月份开始产仔的母旅鼠，一年可"发展"成千上万只旅鼠。

旅鼠的繁殖能力如此之强，使得它们内部不得不实行"计划生育"制度。在旅鼠生活的"国度"有大年和小年之分，周期大致是 4 年：大年 1 年，小年 3 年。在为期 3 年的小年中，它们实行非常严格的"计划生育"制度；而在大年的年份里，在适合的气候和生活环境下，它们则会努力繁殖。

极地数量最多的物种——南极磷（lín）虾

在南极的海面上，你可以随意看到密密麻麻的虾类生物漂浮在海面上。在数量最多时它们的队伍可长达 0.5 千米，宽也达数百米。这种虾叫南极磷虾。

南极磷虾长约 6 厘米，体重平均为 2 克，一只南极磷虾跟我们一毛钱硬币的重量可能差不多。别看一只磷虾那么轻，它们的总重量却大得惊人。据科学家们推算，生活在南极海洋里的磷虾总重量在 4—6 亿吨。如果单以数量做比较，它们可以算得上是地球上最成功的动物物种了。

南极磷虾不仅数量庞大，在南极动物的整个食物链中也起着重要作用。在南极，许多动物如海豹、鲸、企鹅等都是以它们为食物。可以想象，如果没有这些磷虾们，许多南极动物将会因食物的缺乏而大量死亡。

不过，因为南极周围海域生态环境渐渐遭到严重破坏，南极磷虾的密度如今已经大不如以前了，也就是说，生存在南极的磷虾数量越来越少了。

北极最香的陆地动物——麝（shè）香牛

在北极，有一种动物，它们身上能散发出一种迷人的香气，比喷

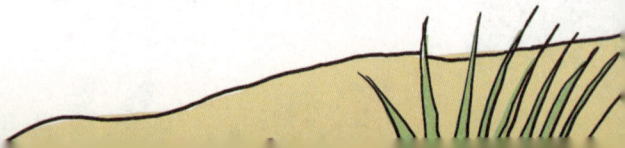

了香水还香。这种动物有一个美丽的名字——麝香牛。

那麝香牛的香味是从哪里来的呢？

原来是雄性麝香牛们脸上分泌出来的。在发情时期，雄性麝香牛为了博得雌性麝香牛的青睐，脸上的麝腺会流出大量气味强烈的分泌物。这种分泌物常有香味，分泌越多香味就越浓。

"我们身上的香味让你吃惊，我们的属类也许让你更吃惊。"

麝香牛虽然名称里带有牛字，却不属牛类。它们实际上是羊科或羚羊科动物。但它们却有着牛一般的身材和体重，一般来说麝香牛的体重可达到 400 千克。

不过，别看它们那么强壮，可并不凶狠，相反还很温顺。因为它们宁愿每天把大部分时间花在睡觉上，也不愿浪费在攻击别人上，而且始终坚守"人不犯我，我不犯人"的原则，从不主动攻击敌人。只有敌人（狼群）来临时，它们才会警觉起来。

此外，麝香牛像西藏的牦牛一样，很有毅力，"牛"劲十足，即使在气温降到零下五六十度的北极，它们从来也没有打算离开的意思，就在北极这片土地上一代代地繁衍着。

神秘莫测的北极旅鼠

    大家已经知道了北极旅鼠有着非常强悍的繁殖能力。一只旅鼠在一年中能发展出成千上万只小旅鼠。

    但每当旅鼠们繁殖到一定数量后，奇怪的行为就会在它们身上发生。几乎所有的旅鼠们在顷刻之间就会变得非常焦躁起来。它们吵吵嚷嚷，上蹿下跳。面对要吃它们的天敌时，也变得视死如归，一副天不怕地不怕的样子。有的旅鼠还会对它们的天敌进行主动出击。

    它们还会成群结队、浩浩荡荡地进行一次大迁徙。迁徙的最终的目的地是波涛汹涌的大海边，它们一只只勇往直前地跳下去，被海

旅鼠跳水自杀

水淹死，直至全军覆没。

旅鼠为什么要这样做？这一直是人类无法解开的一个谜团。

07 来自北冰洋的鱼

在地球的最北端，面积最小的北冰洋，终年被厚厚的冰雪所覆盖。可在厚厚的冰面下，一群鱼儿却生活得怡然自乐。它们是谁呢？快去认识认识它们吧！

▼ 很多蝶鱼的背鳍后端靠近尾巴处都有一个黑色的斑点，看起来很像一只眼睛

▼ 假如某一年毛鳞鱼妈妈产的卵特别多，它就会大量吞食自己的鱼卵——幼鱼

▲ 别看北极鲑鱼那么美丽，但它们却一点都不懂"礼貌"，连吃食的时候都喜欢你抢我夺的

北极

◀ 据说北极乌贼的逃亡速度每小时可以达到54千米，相当于每秒15米

没有"礼貌"的北极鲑（guī）鱼

在北极圈附近的海域中有一种鱼叫北极鲑鱼，它们体态优美，色泽鲜艳，尤其是长大的野生雄鱼，身体呈深红色，在水里游来游去时，简直就像一件件活灵活现的艺术品。

"我们就喜欢打打闹闹，喜欢抢食物吃。"

别看北极鲑鱼那么美丽，但它们却一点都不懂"礼貌"，连吃食的时候都喜欢你抢我夺的，而且通常会变得非常凶狠，内部间会为了食物进行激烈争抢。聪明的北极鲑鱼饲养者掌握了这个秘密，他们经常将几条或者更多的北极鲑鱼饲养在一起，这样北极鲑鱼个头就会迅速长大，从而卖个好价钱。

北极鲑鱼主要分布在挪威附近水域和加拿大北部水域，因分布区域不同又分别被称为挪威系鲑鱼、莱布多系鲑鱼、乃育克系鲑鱼和大树河系鲑鱼。

其中乃育克系的北极鲑鱼体型最长，最重可达 15 千克，被称为"北极王"，寿命也比较长，平均可达 40 年。这种鱼直到 5 岁时，才可以

算是成年鱼。

体型第二大的是莱布多系北极鲑鱼，这种鱼最大体重达 5 千克，平均寿命为 15 年。它们在 3—4 岁时成年，比乃育北极鲑要早熟。

逃跑有术的北极乌贼

在世界各大洋中都有乌贼的身影，当然了，在北极海洋中，你也可以看到它们。但是北极海洋乌贼要比其他地方的乌贼耐寒本领高得多，它们通常要在比正常水温低 20 多度的海域生活！

"让开！不要挡我们的路！"

北极乌贼平时喜欢做波浪式运动，并且动作非常缓慢，看起来笨笨的；可一旦遇到险情，它们跑得比谁都快！据说北极乌贼的逃亡速度每小时可以达到 54 千米，相当于每秒 15 米。

尽管北极乌贼的逃跑速度如此神速，但有时还是逃不过它们的天敌鲸的追赶和人类的捕杀。不过你也别担心。北极乌贼一直信奉"惹不起难道我就躲不起"这个信条；遇到实在跑不过的强敌时，它们常会用上绝招以求安全逃脱。

它们用的是什么绝招呢？

原来，北极乌贼的体内有一个墨囊，里面有浓黑的墨汁，当它们知道自己快要跑不过强敌时，就会把墨囊里储存的墨汁吐出来，使身体周围的海水在瞬间变得一团漆黑，在一团漆黑中它们就可以安然脱险了。

正是因为这个优势，北极乌贼们经常在海洋中横行霸道，它们不仅敢于向鲸鱼发起挑战，而且还经常拦海"抢劫"，非常嚣张。

漂亮而聪明的蝶鱼

在北冰洋中生活着一种美丽的鱼儿——蝶鱼。

"我们是天设的一对、地造的一双，是海洋夫妻中的楷模。"

蝶鱼的世界从来都是遵循一夫一妻制，它们绝不允许有第三者出现。所以你经常会看到蝶鱼是两条在一起的，它们几乎形影不离。

"我们可是天生的伪装大师。"

由于蝶鱼们长得漂亮，特别惹眼，很多动物都想以它们为食。但是蝶鱼们可不会坐以待毙。很多蝶鱼的背鳍后端靠近尾巴处都有一个黑色的斑点，看起来很像一只眼睛。当遇到敌人错误地攻击它们的假眼时，真眼就会及时发现情况，使其在关键时候迅速逃脱。

"哈哈，被我的假眼骗了吧！"

当然，这种漂亮狡猾的蝶鱼不仅仅在北冰洋可以看到，几乎在各大海洋都能看到它们。比如印度尼西亚附近海域、我国南海等区域都有蝶鱼的身影出现。

行为奇怪的毛鳞鱼

一张小小的嘴，一双大大的眼，这简直就是美人胚子啊！不错，这正是毛鳞鱼的外貌写照。也许你吃过这种身体偏长、眼睛和嘴巴一样大的毛鳞鱼。毛鳞鱼大部分生活在太平洋、大西洋的北部沿岸许多地区，在我国的黑龙江以及台湾沿海等水域也都有存在。不过，别看这种普通得不能再普通的鱼，在遥远的北冰洋你也能见到它们。

在毛鳞鱼的家族里面，总有一个奇特的现象发生，那就是假如某一年毛鳞鱼妈妈产的卵特别多，它就会大量吞食自己的鱼卵——幼鱼！大家都说虎毒不食子啊！毛鳞鱼妈妈们也许不这样想。

毛鳞鱼每年在春季产卵，一到那时它们便开始绝食，10—20天以后，小毛鳞鱼就会从卵中出来。

"嘿嘿，海面结着冰，我们照样在水里快活地游动。"

生活在极地海洋中的动物，都必须有高超的抗寒本领，毛鳞鱼也不例外。它们体内有甘油作为抗冻剂抗寒。在温度非常低的水中，毛鳞鱼会把体内的丙氨酸与葡萄糖转化成甘油，借此防止细胞内水分结冰。

毛鳞鱼营养丰富，是我们人类眼中的一大美味。尤其是它们所含的大量钙质，特别适合少儿、骨质疏松症患者和老人食用。在俄罗斯，毛鳞鱼肉常被当做馅饼的原料。

不过，由于人们的乱捕滥杀，目前毛鳞鱼的数量已经大减。

信息加油站

饲养北极鲑鱼应注意的问题

北极鲑鱼非常耐寒，因此饲养地点应该是在我国北方的广大水域。一般在鱼卵孵化阶段，水温应控制在摄氏 4—10℃ 之间。鱼苗孵化三四周以后，这时应将水温提高到 9—12℃。水温应低于 15℃，因为在这样的条件

北极鲑鱼

下，北极鲑鱼会生长得更快、更好。

除了温度外，还应该注意北极鲑鱼喜欢结群，因此适当地在鱼塘里多放些鱼，可以促使它们生长得更快。

乌贼对人的启发

乌贼在遇到危险时施放墨汁使自己逃脱，人类受此启发研制出了发烟罐、发烟手榴弹，在作战时利用它们释放出的浓烟掩护步兵和坦克前进。

乌贼

如何选择蝶鱼

在选择蝶鱼时应注意下面几点。

先观察蝶鱼在受到惊吓时，呼吸是否正常；再观察蝶鱼的眼睛是否清澈透明；再看蝶鱼的背鳍、胸鳍及尾鳍是否完好无缺；最后再看蝶鱼的游姿是否稳定。如果一条蝶鱼呼吸正常，两眼清澈，背鳍、胸鳍及尾鳍完好无缺，游姿稳定，那么就可以判断出这是一条优质的蝶鱼了。

蝶鱼

毛鳞鱼

关于毛鳞鱼的趣事

在德国的吕内堡，每年都有一个别具特色的毛鳞鱼节。节日期间，人们不但可以聆听优美的音乐，而且在城中可以随处欣赏到有关毛鳞鱼的艺术品。

08 "远古" 居民

在极地大陆附近的冰冷海水中，生活着各种各样的海洋生物，它们有的已经在极地居住了上亿年，可以算得上极地的"远古"居民。

·北极

◀ 栉水母长着一对触手，如果你摸它们一下，就有可能会被它们黏住

▶ 栉水母

◀ 毛头星通常长着5
条有须毛的腕，和希
腊神话里的蛇发女妖
"美杜莎"有几分相像

南极

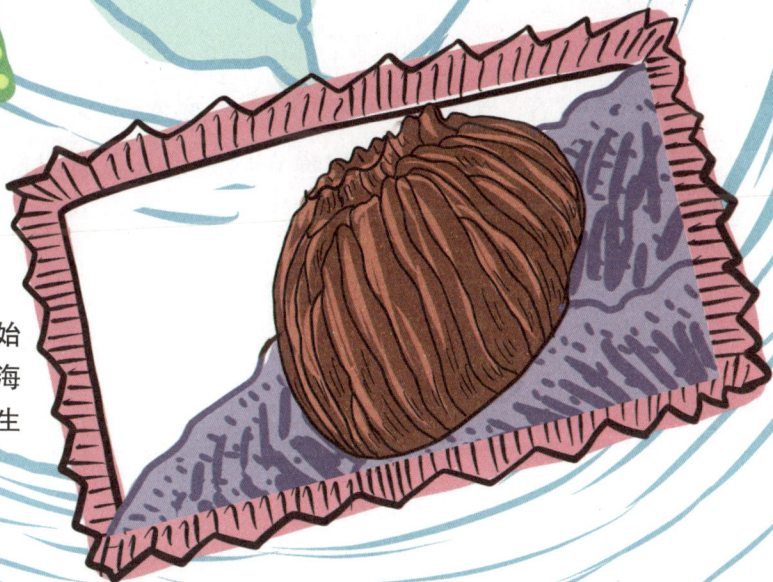

▶ 作为一种最原始
的多细胞动物，海
绵已经在地球上生
活了2亿多年

拥有长长触手的栉（zhi）水母

　　栉水母可是海洋里资格最老的"居民"之一，它们至少已在地球上存活了 6.5 亿年，比恐龙出现的年头还要早许多。

　　栉水母是海洋里的天然装饰品，它们通体透明，只有几列栉板有色彩。晚上，它们的身体能发出浅蓝或浅绿色的光，在漆黑的海洋里显得格外美丽。

　　"我们是最美丽的，也是最棒的色彩大师。"

　　栉水母长着一对触手，这对触手看起来没有什么特别之处，但是却非常不可思议。因为如果你摸它们一下，就有可能会被它们黏住。这是因为触手上面长着许多黏细胞，可以分泌黏性物质。

　　栉水母的触手还有一个"特异功能"，就是可以伸长或缩短。这样，在海洋里，浮游生物们本以为自己离栉水母挺远的，可是栉水母会突然像变魔术一样将触手伸到它们面前，轻而易举地捉住它们。

　　"我们这虽不是万能胶，但是黏住你却没有一点儿问题！"

不是植物是动物的海绵

在南极或热带海洋里，不论是在浅滩还是深海，你都会看到一些色彩艳丽、形状奇特的"植物"，它们柔软似绵，因此得名"海绵"。虽然它们不会走动，只能随波逐流或固定在其他物体上，但它们作为一种最原始的多细胞动物，却已经在地球上生活2亿多年了。

海绵喜欢和它们周围的生物共生共栖。有些水藻会长在海绵上；有些沙蟹喜欢把海绵撕成碎块贴在腿或壳上，让海绵在它们的身上生长起来；蛾螺和牡蛎则常将海绵固定在它们身上，因为海绵身上有难闻的气味，能够吓跑它们的敌人……

在海绵体内人们有时甚至还会发现活的小虾。它们是小时候游进海绵体内后便被海绵所困，从而一直留在其中的。

"我喜欢与朋友们和谐共存，快乐地生活在海洋里。"

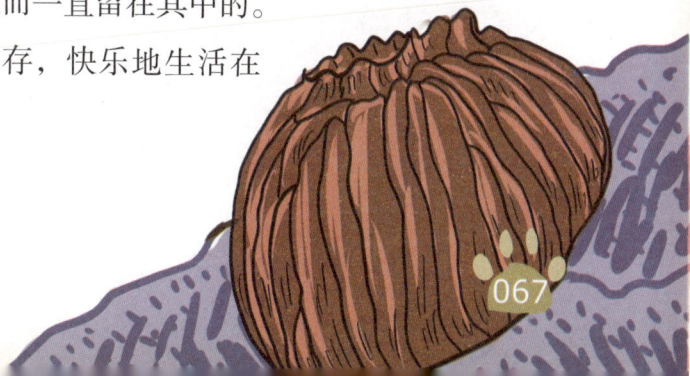

美丽如花的南极毛头星

在碧蓝的南极海洋里，有一种色彩艳丽、美丽得像花一样的动物。

这种动物叫毛头星。它们身上通常长着5条有须毛的腕，好像是它们粗粗壮壮的头发，这又使得毛头星和希腊神话里的蛇发女妖"美杜莎"有几分相像。不过，它们的"头发"可要比"美杜莎"的头发漂亮多了。

"我们长发飘飘、美若天仙吧。"

毛头星作为一名南极的"远古居民"，已经在地球上生活了3亿年。能够生存这么久而不被淘汰，毛头星自有"过人之处"。为了省力，它们常将身体附着在漂浮物上，在随漂浮物漂浮的过程中，海洋中的浮游生物只要碰到它们，就会被它们有黏性的腕手捉住，成为它们的美餐。

地球上的"活化石"——鲎（hòu）

毛头星、栉水母、海绵这三种海洋生物不仅美丽，而且已经在地球上生活了几亿年，它们是自然界的活化石。除了它们，地球上还有另外一种甲壳动物也很古老，那就是鲎。

这个名字怪吧，它的读音是"hòu"，跟这个名字一样怪的是它们的相貌。鲎的身上披着盔甲，跟螃蟹差不多，只不过它们要比螃蟹的腿少。鲎的头顶上有一根尖尖的长刺，这根长刺像天线一样，这使它们看起来像是一个前来地球寻找能量的"外星生物"。

不过，鲎却是地球上土生土长的"原始居民"，"原始"得让人怀疑，因为鲎在地球上已经生存了 4 亿多年，与现在只有以化石形式存在的三叶虫一样古老。

带有刺的鲎

09 难得一见的"高个子"

在广大北极地区，为了适应北极恶劣的生存环境，植物一般都不高，有的甚至贴地生长，如北极柳树，但也存在着一些"个子"相对比较高的植物，如欧洲云杉、西伯利亚冷杉等，它们是北极难得一见的"高个子"。

在寒冷的北极，西伯利亚冷杉却依然生活在海拔1900—2350米的地区

在北极地区，西伯利亚云杉是当地著名的"巨人"

跟别的树木不同，落叶松是雌雄同株，也就是说它们既可以做爸爸又可以做妈妈

北极

欧洲云杉有着纤细的"腰肢"，这样远远望去，它们真像是一个个亭亭玉立的美人

"身材"高挑的欧洲云杉

瞧！那个子高高的，它们是北极地区最高的植物之一，是北极的"高个子"代表。

欧洲云杉"身高"达四五十米，但直径不过 1 米，有着纤细的"腰肢"，这样远远望去，它们真像是一个个亭亭玉立的美人。

大家可能都想不到"身材"高挑纤细、看起来并不怎么强壮的欧洲云杉，却能在零下 30 多度的严寒中生存。

　　"并不是我们不怕冷，而是我们有御寒绝招。"

　　的确，欧洲云杉天生就有一种抵御严寒的特质，它们的叶子都是针状的，可以最少限度地散发热量。

　　另外，在面对北极地区的狂风时，云杉们会团结一致形成云杉林，以"手拉手"并肩作战的方式共同应对。

"冷不怕"的西伯利亚冷杉

西伯利亚北部的北极圈内，同样住着一群"冷不怕"的云杉，它们被叫做西伯利亚冷杉。

"说我们不怕冷，那可不是吹的哦！"

尽管在寒冷的北极，西伯利亚冷杉却依然生活在海拔1900—2350米的地区。而且，它们对阴暗潮湿的环境特别钟情，好像越冷它们越满意似的。

和欧洲云杉一样，西伯利亚冷杉也是北极难得一见的"高个子"，它们的身高可以达到30米。

极地的著名"巨人"——西伯利亚云杉

云杉，顾名思义，就是能够高耸入云的杉树。西伯利亚云杉的"个子"果然很高，平均高度可以达 35 米，一般比西伯利亚冷杉要高一些。在北极地区，西伯利亚云杉是当地著名的"巨人"。

耸立在北极地区的西伯利亚云杉也像忠诚的卫士，默默地注视和守卫着脚下的这片土地。

虽然北极地区冷得要命，但是丝毫没有影响西伯利亚云杉的生长。原来西伯利亚云杉的根虽然扎得不深，但是可以向周围无限蔓延，这样它们就能最大限度地吸收养料，保证自己在生长过程中营养充足，从而长得又高又快。一般来说，"聪明"的西伯利亚云杉要不了几年，就能长成"顶天立地"的"大个子"。

雌雄同株的落叶松

如果你在极地还能发现松树林的话，那么你发现的肯定是落叶松的"团队"了。

落叶松主要生活在寒带和寒温带。在针叶树种中，落叶松算是最耐寒的，它们能够抵抗零下三四十度的严寒。

跟别的树木不同，落叶松是雌雄同株，也就是说它们既可以做爸爸又可以做妈妈。在寒冷的北极，这样非常有助于它们"生儿育女"，使自己的家族延续下去。

因为气候的缘故，落叶松的根通常扎得很浅，但是它们还是适应了这片贫瘠、干旱的土地。因为它们的根系可以蔓延开去，占有一大片领地。

有了这样发达的根系，营养自然跟得上，落叶松一般会毫无顾忌地尽情生长。它们的"个头"高达 35 米，够高的吧！

泰加林

泰加林也叫北方针叶林。在泰加林带，松树、云杉、冷杉、落叶松等树木占有优势，泰加林带其实是松树和杉树的"地盘"，泰加林带的主要动物有驼鹿、驯鹿、松鼠等。

泰加林带所处的地区气候寒冷，土壤有永冻层，主要分布在亚欧大陆和北美大陆的北部，在我国主要分布在大兴安岭和阿尔泰山一带。泰加林带是世界上最大的木材生产基地。

现在，为了经济发展，泰加林遭受到了人类的过度砍伐，是到了对它们加以保护的时候了。

泰加林

10 就是这么怪

世界真奇妙，它无时无刻不在引起我们的好奇心。但是，随着你对这个世界了解的逐步加深，你会发现，有的事情其实并没有那么怪。

南极

▼ 南极发草长得的确像头发。它们那密密麻麻的小茎从草的中心向四周散发开来，一根根毛茸茸地匍匐在泥土上

北极

▲ 冰鱼血液冰点可达 −2.1℃
到 −2.0℃之间

▶ 海猪除了身体庞
大，以及嘴巴跟猪的
嘴巴相似外，实在没
有一点猪样

茎叶如发的南极发草

在寒冷的南极，大部分陆地都被积雪常年覆盖着。寒冷的气候使得高等植物难以在那里生存。空旷的陆地上是一片片地衣和苔藓。但是让人们惊喜的是，在一些特殊的地方却长着一种植物——南极发草。

难不成它们长得像头发？没错！南极发草长得的确像头发。它们那密密麻麻的小茎从草的中心向四周散发开来，一根根毛茸茸地匍匐在泥土上。

"我们就是因为长得像头发才得名的。"

发草的小茎长得细而圆，比较低矮。细圆的小茎向四周铺散开来，摆成一个圆形，这样俯下身看时，我们还会发现，它们组成的形状居然很像我们生活中自行车的车轮。

只爱在 0℃下生存的南极冰鱼

当寒冷的冬天到来，南极附近广阔的海面上是一片千里冰封的景象。可生活在那里的南极冰鱼们，却没有因为环境和气候的改变而受到丝毫影响。

为什么南极冰鱼能在如此低温的海水里生活得悠然自得而不被冻死呢？难道它们真是一种怪鱼？

当然不是！

原来，冰鱼血液的冰点和其他鱼类不同，它们的血液冰点可达 -2.1℃到 -2.0℃之间，比海水的冰点要低一些。因此在南极冰海里，南极冰鱼自然照样能生存了。

"我们不怕冷，你羡慕吗？"

南极冰鱼长期生活在0℃以下的深海里，由于没有受到任何污染，因而营养价值非常高。

一点儿也不像猪的海猪

我们经常听到海鸥、海象、家猪、野猪等叫法，却很少听过海猪这个名字。看来，这个名字真有点怪！

一提起海猪，你是不是觉得这个海猪的样子跟我们人类饲养的猪差不多？其实，它们除了身体庞大，以及嘴巴跟猪的嘴巴相似外，实在没有一点猪样，反而跟豚类动物有点相似。

原来海猪是鼠海豚科的一种。它们的体型跟鼠海豚差不多。

"误会我了吧，呵呵。"

别看海猪长得憨憨的，但它们的性情却非常活泼，常常在水中游上窜下，不停地做出翻滚、跳跃、点头、旋转、喷水等动作，看起来仿佛是在上演一场海底舞蹈！

其他奇奇怪怪的动物

北极兔

下面我们来看看其他一些奇奇怪怪的动物们！

北极兔

在碧海蓝天的北极，广阔的苔原上常会出现成群的北极兔。北极兔让人奇怪的地方在于它们会随着季节的变化变换体毛的颜色。

八目鳗

八目鳗

八目鳗的特点是嘴巴呈圆筒形，但却没有上下腭，口内牙齿锋利无比。更奇怪的是，八目鳗进食是通过啮咬的方式，它们常常进入到动物尸体里面进食，最长甚至可以在其中待上 3 天。

树懒

树懒是一种身上长有植物的动物。它们常常倒挂在树枝上，许久都不移动，如果你没看清楚，有可能还会以为它们本身就是树上长出来的呢。

树懒

11 挡不住的一抹绿

北极地区并不是不毛之地，相反，有很多小植物都在那里默默地生存，开花结果，繁衍后代。它们当然无法把冰天雪地的北极地区变成绿色家园，但是，这并不妨碍它们无私地奉献出属于自己的一抹绿！

▶ 选择生活在北极，酸果蔓付出了巨大的代价——放弃结果

▼ 岩高兰之所以能够在北极生
存下去，是因为它们长到一定
大小，就会自己把自己劈开，
从一株变成两株或三株等

北极

▲ 为了生存，越橘会甩掉
叶子，脱下绿色的"外套"，
入乡随俗地加入落叶一族

只为开满一片红的岩高兰

岩高兰在北极艰苦的条件下，逐渐形成了"坚韧"的性格。为了适应恶劣的极地气候，岩高兰的个子变得矮矮的，有的甚至匍匐在地面上生长。可是它们却从来不抱怨这片生养它们的土地，而且终年以绿色回报北极"母亲"。

岩高兰之所以能够在北极生存下去，与它们独特的繁殖方式有关，岩高兰长到一定大小，就会自己把自己劈开，从一株变成两株或三株等。

正因为有如此顽强的生命力，在北极开花的季节，我们才会看到大片的岩高兰开着深红色的花朵，绚烂地绽放自己蓬勃的生命力。它们以自己独特的方式，点缀着北极的夏天。

冬季会落下叶子的越橘

经常看电视、熬夜的人，常会感觉眼睛很累。如果你正好如此，那么我现在就告诉你一个保护眼睛的好办法，那就是多吃一点越橘，也就是我们经常说的蓝莓。因为它们可以保护视力。

越橘的生存能力很强。它们不仅能够在热带存活，也可以在严寒的北极生长。在北极的苔原带，你可以看到大量的越橘。

在热带地区，越橘能够一年四季保持常绿，可是在极地苔原带，当严寒到来的时候，为了生存，越橘会甩掉叶子，脱下绿色的"外套"，入乡随俗地加入落叶一族，以待极地夏季到来时再次披上绿装。

放弃结果的酸果蔓

世界上真的有比药物还要管用的水果吗？答案是肯定的，酸果蔓就是最好的例子。酸果蔓的果实是治疗细菌感染最好的食疗水果，因此成为人们喜欢的珍贵水果之一。

也许正因为此，酸果蔓似乎学会了"耍大牌"——对环境非常挑剔。

酸果蔓是一种很"懦弱"的植物，对土壤和气候的要求比较特殊，它们喜欢酸性的土壤，并且土壤中必须有大量的水，因此它们中的大多数生长在北美洲的一些湿润之地。但是让人意想不到的是，北极地区竟然也有酸果蔓的存在。

那么，酸果蔓是怎样在北极立足的呢？

选择生活在北极，酸果蔓付出了巨大的代价——放弃结果！但是，有失必有得，在北极地区这种恶劣的环境中，酸果蔓最终得以不断"繁衍"生长。

酸果蔓就是这样在北极地区生存的，并且为这片土地增添了一抹难得的绿色！

信息加油站

岩高兰

岩高兰

在我国，岩高兰生长在北方大兴安岭地区。虽然该地区冬季严寒，年降水量最多只有 550 毫米，且土地贫瘠、岩石裸露，环境相当恶劣。可是岩高兰充分发挥耐寒、耐旱、耐贫瘠、抗风的品质，默默地守护着这片土地。

越橘

越橘

越橘不仅可以食用，还有奇特的药物功效呢。你不知道吧，越橘还有一个挺长挺拗口的荣誉称号，叫做"循环系统里的毛细血管的修理工"。

酸果蔓

酸果蔓的果实不仅是一种富有营养的水果，又是一种"天然抗生素"，作为药物可以用来治疗多种疾病。不过酸果蔓是一种生命力很脆弱

酸果蔓

的植物，它们 4 年才能结一次果实。酸果蔓因为数量稀少，价格昂贵，被人们誉为"北美红宝石"。

12 极地的异洲侨民

在两极地区，每年都会有很多鸟儿迁徙而来，在极地生活和繁殖后代。可以说，两极地区不仅仅是一些鸟儿的居住点和旅游区，更是它们生命的起源地。

▼ 贼鸥从来不垒窝，总是仗势欺人，抢占别的鸟的"家"，甚至还会从别的鸟类嘴里抢食

南极

▼ 漫游信天翁每天可以飞 500 多千米。它们非常喜欢跟着轮船进行滑翔

▽ 每年北半球春天快到的时候，红腹滨鹬就会从越冬地澳大利亚起飞

◀ 北极燕鸥在北极产卵繁殖后代后，会集体飞到南极，在南极的冰天雪地里越冬

▽ 雪雁是一种爱热闹的鸟儿，它们从来不会单独待着，往往几只到几千只不等地组成一个个"部落"

北极

◀ 北极燕鸥

超级旅行家——北极燕鸥

如果要给地球上飞行距离最长的鸟儿颁一个奖的话，那么这个奖一定会被北极燕鸥获得。

"我们可是超级旅行家！"

北极燕鸥是一种很让人敬佩的鸟。它们在北极的夏季产卵繁殖后代后，会经过长途旅行集体飞到南极，在南极的冰天雪地里越冬。其中一趟单程旅行就要绕过半个地球，达4万千米，可想而知，它们如果没有高超的飞行技能和非凡的耐力是根本无法做到的。

北极燕鸥是一种攻击性很强的鸟。在飞行中遇到行人时，它们会立刻在行人的头顶上盘旋飞舞，

进而不停地发动攻击。此外，还会很不文明地把粪便拉在行人的头上、衣服上。不过，有研究人员说这是因为北极燕鸥的领地意识非常强，它们误以为行人故意闯入它们的领地，侵犯了它们，所以才对行人发起攻击的。

喜欢不劳而获的贼鸥

如果你认为只有人类社会才有"贼"的话，那你就大错特错了。其实在动物界也有很多"贼"。比如鸟类中就有这么一号——贼鸥。

仅听这个名字你可能就已经猜到了，它们不是什么"好"鸟儿。正如名字一样，它们整天以偷盗、抢劫为生，做尽了坏事，所以我们人类还送给它们一个外号——"空中强盗"。

"我们并不坏，只是有点懒。"

成年贼鸥大概有60多厘米长，这样的身体在鸟类中算得上"庞大"了。可是，贼鸥从来不垒窝，总是仗势欺人，抢占别的鸟的"家"，甚至还会从别的鸟类嘴里抢食吃。

贼鸥做得最不道德的事情就是欺负企鹅。在企鹅"生育"的季节，贼鸥经常会出其不意地来到企鹅的"居所"，偷吃企鹅的蛋，捉走企鹅宝宝。

贼鸥在鸟界可谓臭名昭著，其实，我们人类对它们也没什么好印象。因为有时候，贼鸥会像老鼠一样钻进极地考察站的仓库，饱餐一顿后溜之大吉。真不愧是"贼"鸥啊！

爱热闹的雪雁

与北极燕鸥、贼鸥一样，雪雁也是一种在两极之间穿梭的鸟儿。夏天到来，它们会成群结队地飞往北极地区，在北极消暑避夏。等到冬天来临的时候，它们又会步调一致地飞往南方，寻找一个过冬的好地方。

雪雁是一种爱热闹的鸟儿，它们从来不会单独待着，往往几只到几千只不等地组成一个个"部落"。雪雁群最大的时候，数目能达到1万多只。

"我们可是纯粹的素食主义者，青草是我们的最爱。"

雪雁是一种性格温驯的鸟，它们是完全的"素食主义者"，吃草籽，寻找植物的根、茎，所以它们经常"光顾"生机勃勃的北极苔原地带。

来自澳大利亚的"旅行家"红腹滨鹬（yù）

在北极生活着一种腹部呈棕红色的候鸟——红腹滨鹬。

"我们也是长途旅行家！"

每年北半球春天快到来的时候，红腹滨鹬就会从越冬地澳大利亚起飞，开始它们的长途旅行，前往北极。这是一次长达1万千米的迁徙。

一般只用五六天的时间，红腹滨鹬就能飞行6000多千米，几乎等于穿越了整个西太平洋。在这段时间里，红腹滨鹬既不进食也不休息，一心只顾着赶路，全靠体内贮存的能量维持着生命。这种精神很让人佩服。

"很可怜，我们的生存状况越来越差。"

近几年，由于红腹滨鹬的主要食物马蹄蟹数量急剧下降，因此无法吃到足够食物的红腹滨鹬数量开始急剧减少。据统计，到2000年时，红腹滨鹬的种群数量减少了近33%。

"亲爱的朋友，如果你还想欣赏我们的飞行技术，那就请保护我们吧。"

飞鸟之王——漫游信天翁

漫游信天翁是信天翁的一种，因为这种鸟喜欢在海面上遨游，所以被称为"漫游信天翁"。漫游信天翁还有一个"飞鸟之王"的雅号。

在所有的极地鸟类中，漫游信天翁是个头最大的一种。它们的体重在五六千克左右，漫游信天翁的双翅很宽，完全张开的话可以达到三四米。有了这样的翅膀，漫游信天翁常常在空中滑翔，且滑翔持续的时间惊人。漫游信天翁不用扇动翅膀，仅凭气流就能在空中飞行几个小时。如果在南极乃至全世界的各种鸟中举行一个滑翔大赛，冠军肯定是漫游信天翁。

漫游信天翁每天可以飞 500 多千米。它们非常喜欢跟着轮船进行滑翔，这给远航的水手带来很多的乐趣。

漫游信天翁主要生活在南极圈附近，还有南大西洋的一些岛上。如果你去往南极，漫游信天翁常会在你的轮船上方盘旋飞行，举行各种各样的欢迎仪式欢迎你。这里我有个建议，它们如此热烈地欢迎你，见到它们别忘了送给它们一点食物哦。

13 两极共有的植物

南极和北极差不多寒冷，虽然分居地球的两个极端，但是，它们也有相同的东西，比如有些植物在南极有分布，在北极也有，而且，要是没有它们，两极的某些动物可能就会因为缺少食物而被饿死。

南极

▶ 生活在两极的极地雪藻格外"嗜冷"，好像只有在极地这种冰冷的环境里，它们才能生长得旺盛

▶ 即使在极地寒冷的岩石上，苔藓也能紧紧地抓住石面，勇敢地疯长

▲ 据说，一株长达 10 厘米的地衣，至少需要生长 1 万年

北极

▶ 蓝藻懂得"适者生存"的道理，甚至在 0℃以下还能进行光合作用

一种低等的"高等植物"——苔藓

苔藓是自然界的拓荒者，它们几乎无处不在。在世界上任何一个阴暗、潮湿的角落里我们都能发现它们，当然，南极、北极也不会少了它们的"倩影"。

苔藓又被认为是一种低等的"高等植物"，有很强的生命力。即使在极地寒冷的岩石上，苔藓也能紧紧地抓住石面，勇敢地疯长。尽管它们长得不高，但长得却很"远"，一长起来就是一大片一大片的。

"要不，我们怎么是极地最主要的植物呢！"

在极地，生长得茂盛的苔藓，不仅可以维持极地水土不流失，而且它们还经常以自己的生命为极地的动物们提供"粮食"，必要时还要作为人类探险者的食物。当然，对人类来说苔藓不能生吃，必须要经过浸泡、熬煮、烧烤等一系列程序才行。

极地"长寿星"——地衣

在极地的荒原上，放眼望去，苍凉无比，好不萧条。但你的眼中会马上又会闪过一丝惊喜，因为在这片荒原上，至少还顽强地生长着一种植物——地衣。它们和苔藓一样，都是一大片一大片的。

的确，地衣是南北极的老寿星，它们能在极地存活上万年。虽然地衣是南极植物中生长最慢的一种植物，每100年才可能生长1毫米。但它们却从来没有放弃过"长大"的梦想，在零下20多度的低温状况下仍在努力生长。据说，一株长达10厘米的地衣，至少需要生长1万年。

在两极的生态系统中，由于动物和植物的种类非常稀少，地衣的作用就充分凸显了出来。因为地衣富有营养，所以极地很多动物都直接或间接地依靠它们来维持生存。可以说，地衣是极地动物的"救命粮食"，是极地不可缺少的重量级"人物"。

不怕冷、不怕"脏"的雪藻

雪是白色的，你可能会认为，雪藻也是白色的。你错了，极地的雪藻不是白色的，而是粉红色的。尤其是生活在冰雪上面的极地雪藻，因为吸收了紫外线，粉红色的特征更加明显。

如果你在夏季到南北极旅行，你的面前随时可能会出现冰面河流。河流把冰川冲开一道道裂缝，河水时而荡漾到冰面上，时而又在裂缝间欢歌，这时候如果你仔细观察冰面，就能看到一些粉红色的颗粒，这些带颜色的颗粒就是极地雪藻。

看到这里，你可能会觉得极地雪藻没有生命，那你就又错了。极地雪藻是一种单细胞植物，它们的生长会随着气候的变化而变化。

极地雪藻生活在两极，却并没有感觉到寒冷带来的"痛苦"。相反，它们似乎格外"嗜冷"，好像只有在极地这种冰冷的环境里，它们才能生长得旺盛。

"我们对生存环境的要求并不高。"

雪藻不仅不怕冷，还是出了名的不怕"脏"，它们对生活质量的要求不高，即使周边布满尘埃、腐殖质它们也能快乐地生活下去。

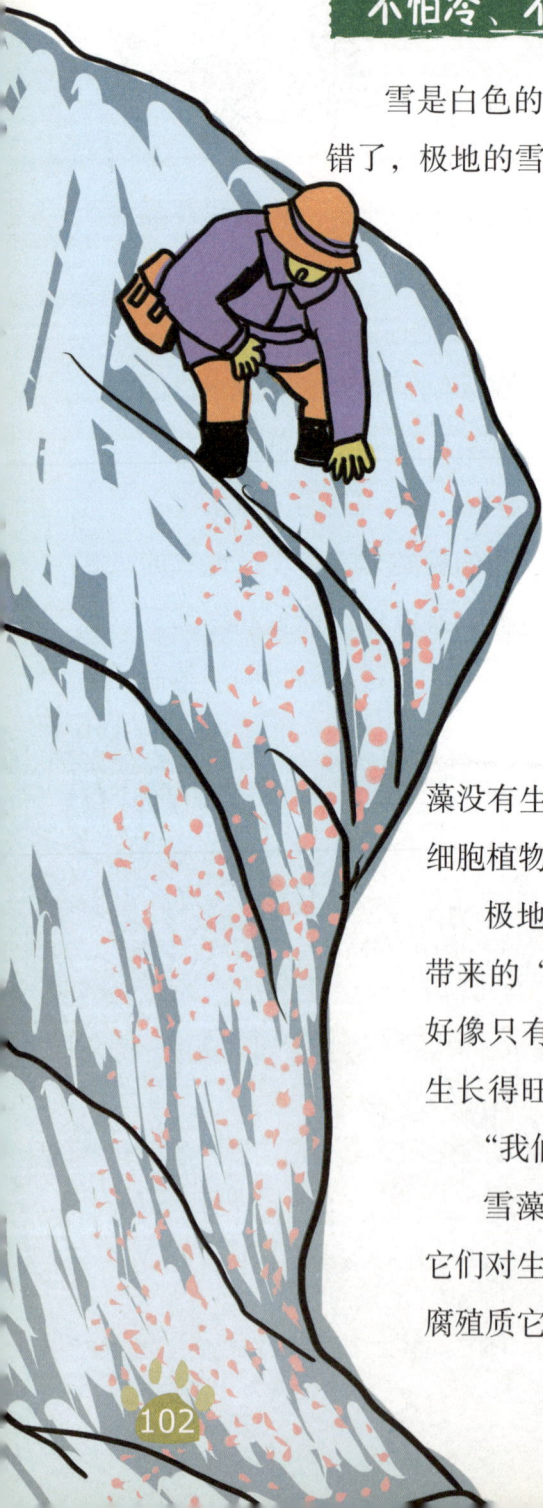

藻类的"始祖"——蓝藻

在所有藻类生物中，蓝藻可以算是藻类的"始祖"。因为蓝藻是单细胞生物，而且没有细胞核，所以又有人叫它们"蓝细菌"。

你知道吗，其实极地雪藻就是蓝藻的一种，只不过它们在极地经历了冰雪浸泡和太阳照射而变成粉红色罢了。

"适者生存才是硬道理！"

可能是因为蓝藻懂得"适者生存"的道理，它们对环境有着很强的适应力，它们甚至在0℃以下还能进行光合作用。它们从来不抱怨极地的气候不好，总是坚强而快乐地生活着，这一点让很多怕冷的植物都自愧不如。

生活在南极的蓝藻地位非常重要，是整个南极生物链中最重要的一环，给其他生物直接或间接地提供营养。但是，蓝藻有时也会捣蛋，它们会彼此连接在一起，将整片海洋变成蓝汪汪的一片，形成"绿潮"，对海洋动物的生存造成极坏影响。

14 极地的伪装大师

在北极地区，有很多哺乳动物，比如北极兔、北极熊等，有些哺乳动物为了更好地生存想尽了各种办法，其中之一就是巧妙地将自己伪装起来，躲避天敌的追杀或借以追捕猎物。

▼ 雪白的北极兔跟冰雪"打成"一片，"伪装"成冰雪来躲避自己的天敌

北极熊常常利用身上的白色毛做掩护，伺机接近猎物，在猎物毫无防备的时候迅速发起进攻

北极

冬天，北极狐会身穿一件雪白的"外套"，看起来古灵精怪、精气神十足，所以人们亲切地称呼它们为"雪地精灵"

北极的"大人物"——北极熊

北极熊在北极可是响当当的"大人物"，几乎没有哪种动物敢向它们挑战。你也许会问：既然它们这么强大，难道还需要"伪装"吗？

答案是：一切为了捕获猎物。

"乔装打扮一下，出去抓个大的猎物，来顿美餐。"

别看北极熊长得似乎很笨重，可它们一点儿也不笨。它们常常利用身上的白色毛做掩护，伺机接近猎物，在猎物毫无防备的时候迅速发起进攻。

不过，一到夏季，北极熊身上中空的体毛里面就会钻进去一些微生物。这时候你再看北极熊，它们就不是白色的了，而是绿色的。这恰好和夏天环境的颜色接近，又成为它们新的保护色，使它们更容易接近猎物，从而获得"美食"。

"雪地精灵"——北极狐

北极熊是北极冰天雪地里的"伪装"大师；而在北极草原上，同样也有一种动物是"伪装"高手，它们就是北极狐。

"夏天穿黄衣服，冬天穿白衣服。真是潇洒极了！"

北极狐每年都会换两次毛。冬天，北极狐会身穿一件雪白的外套，看起来古灵精怪、精气神十足，所以人们亲切地称呼它们为"雪地精灵"。你可不要认为北极狐是在臭美，其实它们只是为了将自己更好地与雪地相融合，这样猎物才不会轻易发现它们。

到了夏天，北极狐会换上一件土黄色的外衣，看上去就像是一堆普通的冻土，一点都不显眼。这样，北极狐的体色又正好与周围的环境融为一体。

北极狐很善于捕捉猎物，它们遇到猎物时会紧追不舍，最后一个箭步跳过去将猎物捕获。

一身白色的北极兔

兔子在我们的眼里都是非常温顺可爱的，所以它们经常受到其他动物的欺负；生活在北极的北极兔同样也不例外。

为了适应北极地区恶劣的生活环境，北极兔变成了"升级版"的兔子。它们全身长着蓬松的毛，凭借这身厚厚的"衣服"，北极兔可以有效地将身体热量保存下来，不至于冻坏自己。北极兔的毛不但可以让它们抵抗寒冷，毛色还是它们生存的法宝！

一般来说，我们见到的野兔都是灰色的，可是北极兔却是白色的。它为什么要把自己的颜色搞得这么"显眼"呢？这当然是有原因的。我们都知道，在北极地区有漫长的冬季，遍布皑皑的白雪，海洋里有难以融化的"永冰层"。就算在夏天，有些地方也依然是"银装素裹"，冰天雪地。这样，雪白的北极兔就可以跟冰雪"打成"一片，"伪装"成冰雪来躲避自己的天敌。如果不注意观察，它们是很难被发现的。

珍贵的皮毛

在北极生活的动物们，不管是北极熊、北极狐，还是北极兔，它们的毛皮都非常珍贵，于是这些动物就成了人们竞相围捕的目标。尤其是北极狐的价值更高，它们的一张毛皮能卖到三四百美元。

有很多唯利是图的不法商人，他们被暴利蒙蔽了双眼，争先恐后地赶到北极，残忍地杀害那些动物，剥去它们身上的毛皮，这种卑鄙的行为令人发指；还有一些人，认为动物毛皮价格不菲，穿在身上可以体现自己的"高贵不凡"。也正是这些需求者的欲望，使得滥捕滥杀成为可能。

对北极的这些动物们，我们应该积极地进行保护。这样做，既是为了挽救这些濒危动物，也是为了避免自然生态遭受破坏。

对我们个人来说，不仅应该批判猎取动物的行为，也应该从自己做起，拒绝毛皮！

北极兔

15 极地深海的奇异生物

极地的深海，温度低得令很多海洋生物"望而却步"。然而就是在这样的环境里，也生活着很多奇奇怪怪的生物。

南极

▽ 敌人咬住筐蛇尾的腕足时，它们可以主动将腕足折断，借机逃之夭夭

北极

▲ 软珊瑚长得很漂亮，颜色很美丽，在海底"建设"了一座座"水下花园"

▲ 沙蚤的生活习惯很怪，它们昼伏夜出，白天躲在沙子里面睡觉，到了晚上才出来寻找食物

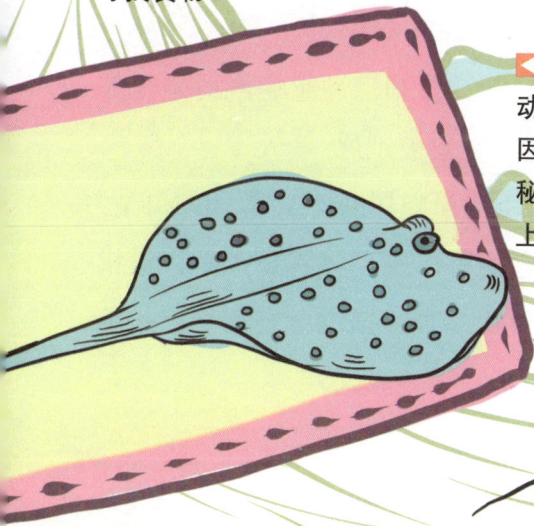

◀ 在海洋里可没有多少动物敢欺负鳐鱼。这是因为鳐鱼有保护自己的秘密武器——它们尾巴上有能发电的毒刺

像无数小蛇缠绕在一起的筐蛇尾

在南极的深海里，有一种体色像鸡肠子一样的动物——筐蛇尾。

"我们可不是蛇，而是真正的海星。"

第一眼看到筐蛇尾的人确实会把它们当成一种长相奇怪的蛇。因为它们的身体上长着5条细长的腕，而每条腕又分成两条小腕，每条小腕上又分出许多更小的腕。无数腕足缠绕在一起，看上去就像是无数小蛇缠绕在一起一样。

有趣的是，筐蛇尾捕食时腕很容易断，要知道，筐蛇尾可是全靠这些腕来捕食的，折断了腕足的它们岂不是要被饿死？

事实上，我们不必为它们担心这个，因为筐蛇尾有"自切"和"再生"的功能。当敌人咬住它们的腕足时，它们可以主动将腕足折断，借机逃之夭夭，而掉了的腕足不久又会重新长出来。据说，它们不只是腕足有再生能力，就连身体也能够再生出来。

行动迅速的沙蚤

在极地的深海里，有一种身长仅 1 厘米、身体晶莹剔透、头上顶着一个红色的斑点、样子非常可爱的跳虾。它们的名字叫做沙蚤。

别看长得小，沙蚤可非常喜欢跳跃。常常在海沙和石面上跳跃的它们，往往一闪而过就不见踪迹，行动迅速得让人吃惊。或许这就是它们名字得来的原因吧。

沙蚤的生活习惯很怪，它们昼伏夜出，白天躲在沙子里面睡觉，到了晚上才出来寻找食物。

小沙蚤每成长一次都会"蜕皮"一次。当然了，这种小虾米的皮其实是外壳，它们褪去外壳只是为了让自己更好地成长。虽然长到成年身体也不过 1 厘米多点，但是它们依然不会放弃任何成长的机会。

"嘿嘿，换件大的'衣服'，我们会长得更大。"

来自 8 千米深海的美丽动物——软珊瑚

在极地海洋 8 千米以下的深海区，居住着一群美丽的动物——软珊瑚。

我们知道普通珊瑚能够分泌石灰石，但是软珊瑚跟普通珊瑚又有区别。普通珊瑚分泌出来的石灰石紧密地连在一起，日积月累，这些石灰石看上去就好像在身体外面形成了一个坚硬的"堡垒"。而且普通珊瑚喜欢群居，很多"堡垒"连接在一起，最后就形成了珊瑚礁。

软珊瑚则不同，它们虽然也分泌石灰石，但是分泌物彼此之间连不到一起，只能形成一些互不连接的"小骨针"，所以用手摸上去，它们的身体非常柔软。

软珊瑚长得很漂亮，颜色很美丽，在海底"建设"了一座座"水下花园"。但是，需要提醒你的是，不要被它们美丽的外表迷惑，软珊瑚可是有毒的。

有着能发电毒刺的鳐（yáo）鱼

在两三千米以下的极地深海里，生活着一种头和身体直接相连、没有脖子的动物。它们就是鳐鱼。

"我们曾经和鲨鱼是好朋友，别小看我们！"

这话不假，早在 1 亿多年前，鳐鱼和鲨鱼是同类。不过，后来鳐鱼住在了海底的沙地里。

别看鳐鱼是软骨鱼，它们最大的也只能长到两米长，看起来并不算大。但是，在海洋里可没有多少动物敢欺负它们。这是因为鳐鱼有保护自己的秘密武器，它们尾巴上有能发电的毒刺。遇到敌害进攻，鳐鱼会悄悄地把尾巴上的发电器朝着敌人奋力一击，然后趁着敌人眩晕的时候立刻逃跑。

鳐鱼一般不会主动攻击人，除非你惊动了它们。而一旦被鳐鱼击中，受伤的人可能会有生命危险。所以，轻易不要惹鳐鱼哟。

海洋深处的其他奇异动物

魔鬼鳐

魔鬼鳐是鳐鱼的一种，个头很大，体重可达 3 吨，双翼展开有三四米长，所以被称为"海上地毯"。它们奇特的形象往往让人觉得很怪异，所以被命名为"魔鬼鳐"。

魔鬼鳐有着让人吃惊的弹跳能力，它们能跃出海面两三米高，看上去像掠过海面的战斗机。更让人惊奇的是，魔鬼鳐还能在空中翻几

魔鬼鳐

个跟斗，像表演杂技的演员一样。

羽毛星

羽毛星也能生活在极地的深海里，而且是极地深海的"资深"居民。它们在这里已经生存了 3 亿年了。

羽毛星是海百合大家庭的一个成员。刚接触羽毛星，你可能会以为它们是植物，因为它们的长相跟陆地上的百合颇有相似之处，有着长长的"叶子"，还有"根"。可是你错了，羽毛星其实是动物，那些"叶子"和"根"其实都是它们的触手。

羽毛星

羽毛星的颜色非常娇艳，长得也很可爱，像是用金丝银线编制而成的。它们的身体在水流中缓缓摆动，仪态万方，仿佛微风中摇曳的花枝。

16 天敌对对碰

　　极地并不是一个"和平"的世界，在这里，有"纷争"，也有"屠杀"。有些动物是天生的"屠夫"，而有一些动物既"屠杀"别的动物，也被别的动物"屠杀"。自然界的弱肉强食，在这里表现得同样非常突出。

南极

▶ 海豹紧紧地盯住其中一只企鹅，它咧着嘴，呲着七八厘米的长牙，冲着这只企鹅示威

▼ 生活在北极地区的北极熊非常了解海豹的习性，它们深知，海豹一定会出现

北极

◀ 每每见面，北极狐一定捕捉旅鼠，而旅鼠见到北极狐也会"抱头鼠窜"

▲ 无论是个头还是力气，北极狼都比驯鹿差了一大截。但是北极狼有一个驯鹿无法与之相比的天然优势——耐力强

旅鼠与北极狐

旅鼠和北极狐共同生活在北极的苔原带。而这两种动物，仿佛天生就是不共戴天的仇家。每每见面，北极狐一定捕捉旅鼠，而旅鼠见到北极狐也会"抱头鼠窜"。

冬天来了，北极狐披上了一身雪白的服装。这个"雪地精灵"游荡在冰封的苔原带，希望能找到填饱肚子的食物。这时候，它突然发现有一团"雪"在移动。狡猾的北极狐立刻就想到了，这不是雪而是旅鼠！

到了冬天，跟北极狐一样，旅鼠也让自己披上白色的外套，因为只有这样，才能跟北极地区的冰天雪地融为一体。这身着装打扮有时候也可以躲避北极狐的眼睛。

但是北极狐还是发现了它们，旅鼠也很快发现了北极狐。旅鼠慌忙奔跑起来，北极狐也紧追不舍。一狐一鼠，在雪地上展开了短跑竞赛。毕竟北极狐技高一筹，它突然耸身一跃，一下子把旅鼠按在脚下，旅鼠虽然拼命挣扎，但是却丝毫不得动弹。接着，北极狐就把旅鼠一口吞下了。可怜的旅鼠。

可是，一只旅鼠哪里能填饱北极狐的

肚子，北极狐继续寻找下一个猎食的目标。

海豹与企鹅

成群的企鹅刚从大海里沐浴归来，正享受着自由的生活，可是危险的阴霾已经笼罩了它们。

一只海豹静悄悄地跟在企鹅们的后面，谁也没有发现，"杀手"海豹已经张开了血盆大口。

突然，海豹"嗷"地大喊一声，企鹅们猝不及防，顿时慌乱成一团，四散奔逃。

这是一场典型的"猫捉老鼠"的游戏。海豹紧紧地盯住其中一只企鹅，它咧着嘴，呲着七八厘米的长牙，冲着这只企鹅示威。胆战心惊的企鹅落荒而逃。海豹追得并不快，因为它知道，这只企鹅逃不出它的手心。

眼看着海豹离企鹅越来越近了……突然，企鹅停下脚步，回过头来，向海豹冲过去，不停地用嘴啄咬海豹。原来它想做最后的挣扎，但是，这对海豹根本构成不了威胁。企鹅挣扎到最后，海豹终于失去了耐心，"狞笑"着扑向企鹅，一下把它叼在了嘴里。

海豹捉住企鹅，并不急着吃掉它。它换了个姿势，咬住企鹅的双脚，拼命地摔打企鹅。海豹这样做，不完全是为了"虐待"企鹅，而是要"脱去"企鹅的羽毛，可能海豹不喜欢吃企鹅的"衣服"吧。

就这样，这只企鹅变成了海豹的美餐。

驯鹿与北极狼

在极地的食草动物中，驯鹿是个头最大的一种。生长在环北极地区的驯鹿，头上顶着一副大大的有分叉的角，还有健壮的"四肢"。要是遇到"豺狼虎豹"，它们会充分利用自己的这些先天优势进行自卫，如用角顶、用脚踢等。

每年驯鹿都要进行一次长达几百千米的大迁徙。而往往就是在这个时候，它们会遇到北极狼的"围追堵截"。

按理说，无论是个头还是力气，北极狼都比驯鹿差了一大截。但

是北极狼有一个驯鹿无法与之相比的天然优势——耐力强。北极狼虽然跑得慢，但是可以不间断地跑上一两天，而这样的马拉松长跑驯鹿是无法做到的。所以，用不了多久，北极狼就会把驯鹿追得筋疲力尽。

更重要的是北极狼有良好的"团队"意识，在围捕驯鹿的过程中，它们精诚团结，狡猾的北极狼甚至还会在驯鹿的必经之地提前设好"伏兵"。这样，如果"先锋部队"追累了，北极狼的生力军马上就会出现，继续对驯鹿进行下一波的"围猎"。

但是，尽管北极狼"计划"得如此巧妙，它们的收获也是相当有限的。因为就算它们冲散了鹿群，也很难对付那些大块头的驯鹿。所以北极狼抓获的，一般都是驯鹿中的一些"老弱病残"。

可见，自然界里食肉动物的"狩猎"其实也并不轻松。

北极熊与海豹

在冰天雪地的北极，北冰洋的洋面已经结了厚厚的一层冰。可是，如果你稍加留意，就会发现冰面上竟然会有一个个圆洞。是谁凿开的这些冰窟窿呢？是海豹。

这是海豹因为需要每隔 10 分钟到海面透气而凿出的窟窿。然而可怕的事情即将发生。一头北极熊早已等候在这个"通气口"旁边，守株待兔似地等待海豹的出现。

生活在北极地区的北极熊非常了解海豹的习性，它们深知，海豹一定会出现！饥肠辘辘的北极熊"摩拳擦掌"，耐心地等待着。功夫不负有心人，一头海豹出现了。

海豹慵懒地把头探出来，可还没来得及喘气，北极熊就扑了过来。它用巨大的爪子紧紧地抓住海豹，用力一拽，就将海豹抛到了冰面上。可怜的海豹还来不及抵抗，胸膛就已被北极熊撕开。海豹的鲜血染红了冰面，也染红了北极熊的"魔掌"。

北极熊杀死了海豹，尽情地享用着海豹的脂肪。对北极熊来说，海豹的脂肪远比肉有价值，因为这些脂肪可以直接被它们吸收，并且成为它们抵御严寒的能量。

"四不像"的驯鹿

　　驯鹿的长相非常奇特，它们因此又被人们叫做"四不像"。那驯鹿到底怎么个四不像法呢？原来，驯鹿的角并不是鹿角，但长得好似鹿角；头长得好像马，但又不是马；蹄子长得像牛，又不是牛；身体像驴而又不是驴。叫它们什么名字好呢，想来想去最后有人就给它们起了个亲切的名字——四不像。

　　驯鹿顾名思义，就是性情很温驯的鹿。正因为性情温驯，所以它们很容易相处，也很容易被"驯养"。

　　我们中国北方有一个民族，叫鄂伦春族，这个民族的人们就非常喜欢饲养驯鹿。他们捉住驯鹿后，会对它们进行一系列的"教育培训"，把驯鹿训练得非常听话。鄂伦春族的人们用驯鹿拉车，驯鹿对他们来说已经成为一种必不可少的交通工具。

　　在西方的童话里，给圣诞老人拉车的动物就是驯鹿。

驯鹿

17 臭臭一族

在地球上有许多动物，为了逃脱天敌的捕杀，身上都会发出让其他动物感到恶心的气味。在寒冷的南北两极就存在着这种能释放怪异味道的动物，让我们去看看它们吧。

南极

▣ 南极管鼻鹱身上有麝香气味，但是当遇到危险时，它们却能向敌人吐出一股臭油

◀ 狼獾的尿液非常刺鼻，一般动物闻了后都会恶心呕吐

北极

▽ 如果敌人不理睬臭鼬的警告，继续向它们靠近，那么臭鼬就会迅速转身，将屁股一撅，向敌人喷出一种奇臭无比的液体

鼬中老大——狼獾（huān）

在包括北极在内的北半球广大地区，你可以看到一种身上长着棕黑色的毛、长相凶狠的动物——狼獾。因为它们长得既像貂又像熊，所以又被叫做"貂熊"。

"别看我们小，没人敢惹我们！"

这话一点也不夸张，狼獾体长不过1米，也没有什么出众的生存本领，可是在自然界里，它们却几乎没有天敌。原因是它们拥有一件"秘密武器"，即奇臭无比的尿液。当被狐狸、狼等动物追赶时，它们先会拼命奔跑，快要被追上时，它们就立刻停下来，在地上边转圈边撒尿，自己则躲在尿圈里。狼獾这个行为会让人怀疑它们是在模仿孙悟空用金箍棒在地上画圈。不过，这招真是管用，不管是什么动物，只要一闻狼獾尿圈的气味，立刻掉头就走。

因为狼獾的尿液非常刺鼻，一般动物闻了后都会恶心呕吐。狼獾有这样厉害的尿液，难怪别的动物不敢轻易招惹它们。

狼獾的尿液除了有保护自己的作用，还有保护食物的作用。狼獾经常会在它们吃不完的东西上涂上一层尿液，然后掩埋在雪地或者土里。这样其他动物即使发现了食物也会因为刺鼻的臭味而选择放弃。

此外，狼獾还有一个怪癖。到了冬天，在严寒的北极很难找到食物。这时，狼獾便会吃别的动物吃剩下的食物，其中包括腐烂的动物尸体。

臭屁有声的臭鼬（yòu）

如果有人问你什么动物放的屁最臭，你可千万不要说是猪。我想告诉你世界上有种动物放出的臭屁威力更大，它们的名字叫臭鼬。臭鼬喜欢夜间活动，而且长得和猫很像，所以人们又把它们叫做"臭猫"。

"别惹我们，否则我们用臭屁熏死你。"

的确如此，别看臭鼬长得可爱、乖巧，但是却不好惹。当敌人靠近时，它们会警惕地竖起尾巴，并用前爪扒地发出警告。如果敌人不理睬它们的警告，继续向它们靠近，那么它们就会迅速转身，将屁股一撅，向敌人喷

出一种奇臭无比的液体。且被臭鼬这种液体击中者将会出现短暂性失明的症状。

能喷臭油的南极管鼻鹱（hù）

南极管鼻鹱的鼻孔长得很像一条管子，所以有人叫它们管鼻鸟。它们在南极广有分布，但是在冬天时会飞到南美洲过冬。

"我是臭鸟我怕谁！"

南极管鼻鹱身上有麝香气味，但是当遇到危险时，它们却能向敌人吐出一股臭油。原来，在管鼻鹱的嘴边有一对鼻孔状管子直通胃部。一般情况下，这些管子都是密封的，当受到惊吓或发怒时，它们会自动打开并喷射出一种橙黄色的臭油。

"我们不但会用臭油保护自己，而且能闻出动物在哪儿！"

南极管鼻鹱有着异常灵敏的嗅觉，它们可以闻到几千米外的渔船的气味，然后凭借气味寻找到渔船，跟随在船只后面吃渔船上扔下的死鱼以及食物残渣。

来自植物界的臭臭一族

不仅在动物界有会施放臭味的，就是在人们通常赞美的"芳草香花"的植物界，也有不少闻起来臭臭的植物。

巨型海芋

巨型海芋

据说巨型海芋能发出一种像腐烂尸体一样的臭味，所以它们又有"尸花"的称号。它们的臭味常会招来大批苍蝇为它们授粉。

臭梧桐

臭梧桐

有一种叫臭梧桐的树，它们长着美丽的花朵，是布置园林的好树种。但是这种树却会发出臭味。不过，只有你摘下它们的叶子并将其搓碎，才能闻得到臭味。

鱼腥草

鱼腥草

你拿到这种草时便会明显地闻到一股腥臭味，很快你手上也会沾上这种草的腥臭味，并且保留时间很长，只有等到一个小时后腥臭味才会慢慢消失。

韶子

热带雨林中有一种叫韶子的树木，这种树木本身倒不臭，臭的是它们结的果实。韶子果实闻起来特别臭，不过吃起来味道却非常好。

韶子

18 与因纽特人生活密切相关的动物

早在 4000 多年前，因纽特人就在北极生活了，他们是北极的土著居民。可他们在这冰天雪地、环境恶劣的北极，是如何生存下来的呢？答案是靠一群可爱的动物"朋友"。

▼ 最初生活在北极的因纽特人，很大程度上是靠驯鹿才生存下来的

▲ 每年的 4 月中旬到 6 月是
因纽特人的捕鲸季节

北极

▶ 海象和驯鹿一样，
是因纽特人须臾也离
不开的食物

因纽特人最爱的食物——驯鹿

因纽特人又叫"爱斯基摩人"，在印第安语中意思是吃生肉的人。虽然因纽特人不一定吃生肉，但是他们靠吃肉为生这点却是可以肯定的，因为他们是一个以捕鱼和打猎为生的民族。

在因纽特人生存的字典中，"驯鹿"是一个重要的词汇。

最初生活在北极的因纽特人，很大程度上是靠驯鹿才生存下来的。因为在北极上生活着成千上万的驯鹿，驯鹿的肉可以吃，皮可以用来做衣服，骨头可以做玩具，等等。总之，驯鹿几乎可以满足因纽特人全部的生活需求。

"如今我们的生活仍然离不开驯鹿。"

即使到现在，因纽特人依然靠驯鹿为生。但他们不像生活在北极的拉普人那样饲养乖巧温顺的驯鹿，而常常选择捕获驯鹿。每年驯鹿都会进行迁徙，夏季驯鹿来到北极的苔原地区生活，到了冬天则会迁徙到南部的森林区。因纽特人掌握了驯鹿的这一迁徙规律，每年会事先在驯鹿经过的路上设下埋伏，以方便捕获它们。

因纽特人的食物之一海象

和因纽特人一样被人们称为是北极的"土著居民"的动物就是海象了，海象已经在北极生活了很长时间。

海象长着扁平的脑袋，脸上长满了刷子一般坚硬的胡须，圆筒似的身上满布着皱纹，还有一对小眼睛：说实话，实在不怎么好看。

海象长相难看暂且不说，这滚圆的身体行动起来会不会太不方便呢？这点你不用担心，海象行动起来很敏捷，不信你看看它们捕食就知道了。海象在潜入海底捕食前，先会在水面上美美地呼吸一会儿，然后潜入海底，用它们的长牙插入泥沙里，把蛤蜊等食物挖出来，一会儿就能搜集一堆。

"看到了吧，我们行动起来一点也不拖泥带水！"

海象在北极的动物界中几乎没有天敌，但是它们也和驯鹿一样，是因纽特人须臾也离不开的食物。因纽特人通常会到海上捕获潜入水里的海象，并且把它们胃里还没有消化的贝壳类食物直接拿出来吃掉。

因纽特人心存感激的动物——鲸鱼

在因纽特人中间一直流传着这样一个传说：在上帝发洪水时，因纽特人各自乘着自家的小舟逃命去了。但是，在茫茫的水面上，他们根本没有可以吃的食物。就在这时，一群弓头鲸出现了，它们甘愿牺牲自己而让因纽特人活下来。

虽然这只是一个传说，但是因纽特人的确与鲸鱼有着密不可分的关系。

"我们不能没有鲸鱼！"

每年的4月中旬到6月是因纽特人的捕鲸季节。猎手们会提前到达鲸群经常出没的海面，等候鲸群的到来。因纽特人抓捕的鲸一般有白鲸、角鲸、灰鲸、弓头鲸、座头鲸和逆戟鲸等。

作为因纽特人文化的一个重要组成部分，因纽特人对于鲸鱼也很爱护。他们每年都会举行三四天的庆祝仪式，感谢鲸鱼对他们的无私奉献。因纽特人在捕鲸时会先找准使鲸鱼一击致命的位置，如果找不准他们宁可放弃，绝不在鲸鱼身上乱砍，而后让逃跑的鲸鱼带着伤痕在海洋里游荡。

信息加油站

我们已经认识了几种生活在北极、与因纽特人息息相关的动物。现在我们来了解更多关于它们的故事吧。

驯鹿

圣诞老人的驯鹿

自古以来就有很多有关驯鹿的美丽传说。传说圣诞老人坐的雪橇就是靠 9 只驯鹿来拉的，其中领头的那只驯鹿名字叫鲁道夫。它是这个世界上唯一一只长着大红鼻子的驯鹿，它的红鼻子可以穿破重重迷雾，帮助圣诞老人找到烟囱。

海象

海象

海象总是几百只排在一起睡觉，为了防止敌人趁它们睡觉时偷袭，它们会派一头海象"站岗放哨"。这头海象站累了时，就会用身体推一推旁边的海象，提醒它"换哨"。

最不走运的鲸鱼——蓝鲸

蓝鲸的脂肪可制肥皂；鲸肉营养丰富；血和内脏器官是优质肥料等。正因为蓝鲸具有如此高的经济价值，所以它们遭到了人类的大量捕杀，如今全世界的蓝鲸只剩下几十头了！

蓝鲸

19 一切为了生存

在极地，任何动植物的生存都是奇迹，那些勇敢的动植物们为了生存，为了让自己的家族变得更加"强大"，学会了各种"处世之道"。

▼ 为了繁衍后代，蒲公英学会了能更好地适应极地的办法，那就是多开花、多结籽

在北极，为了抵御狂风，黑鱼鳞松会把树根扎得很深

北极

北极的棉花喜欢一大家子住在一起，它们的领地非常大

一切困难都难不倒的蒲公英

在极地，如果见到大片大片的蒲公英，你可能会非常惊诧，不明白为什么这种生活在温带的植物竟然还能够在严寒的极地生存。可是在北极圈内，蒲公英确实有存在！

也许有人会猜测：在极地那么寒冷的温度下，蒲公英个子应该很矮小吧。恰恰相反，极地的蒲公英生长得非常高大，比我们平常见到的高大得多。

"为了生存，我们必须让自己强壮起来。"

一般来说，生长在温带的蒲公英根系比较发达，而极地的蒲公英根系却不够发达。并且由于气候原因，极地的蒲公英生存、繁衍非常艰难，种子的存活率很低。

可这些困难并没有难倒坚强的蒲公英，为了繁衍后代，蒲公英学会了能更好地适应极地的办法，那就是多开花、多结籽。极地的蒲公英一般一株会开很多花；开花多，结种子自然也就多。

有着"别出心裁"想法的北极棉花

众所周知，棉花是一种很重要的农作物。在我们的印象里，它们好像只能生长在温带和亚热带，因为它们喜欢热一点的天气和疏松深厚的土壤。

"我们可没那么娇贵，北极也是我们的家！"

的确，棉花在北极也很常见。

北极的棉花喜欢一大家子住在一起，它们的领地非常大，远远望过去无边无际的。

开花的时候更加壮观，领地上的"居民"头上都会顶着一个个小小的绒球。

这些绒球不是北极棉花在炫耀自己的果实有多么漂亮，它们这样做完全是为了保护自己的后代。因为北极地区气候恶劣，就算在夏天昼夜温差也很大，为了保护种子免遭冻伤，北极棉花才别出心裁地想出了这个办法。

"个子"只有两三米的黑鱼鳞松

在我们的散文、诗歌中，经常会用高大伟岸来赞扬松树，松树在我们的印象里一般也都非常高大，粗粗壮壮的像铁塔。但是如果见到北极的松树，你一定会大吃一惊。

北极的很多树木生长得很慢，也长得很矮。因此，在极地苔原带如果见到一株两三米高的树木，你千万不要耻笑它，因为它可能已经有两三百年的树龄了。生活在北极的黑鱼鳞松就属于这种情况。

在北极，为了抵御狂风，黑鱼鳞松会把树根扎得很深。尤其是在天气变暖的时候，它们更会借着这个机会，把自己的根扎到永冻层里。这样做一是为了防止自己被狂风吹倒，二是为了便于吸取养料。

在与狂风搏斗的过程中，黑鱼鳞松匍匐而不是笔直地生长。这样虽然"个头"比较低，但能更好地吸收地面反射的热量。

"根系深、个头小，只有这样我们才能在北极屹立不倒！"

北极苔原带和冻土层

北极苔原带是一片冻土沼泽地区，面积很大，约有 1300 多万平方千米。

苔原带有一层很厚的永久性冻土，最厚超过 600 米，一般的也有 400 多米，所谓"冰冻三尺非一日之寒"，这样的冻土层已经经过了不知多少个世纪的累积。

苔原带也并不是一片荒凉，有很多动物和植物在那里生活。夏季到来的时候，苔原带湖泊与沼泽密布，水面上有鸟儿嬉戏，地面上有鲜花盛开。但是在苔原带地表以下几厘米就是永久冻土层。

到了冬季，整个苔原会被冰雪所覆盖，一片萧条。

苔原带的植物生长期都很短，每年也就是 90 天左右，这还是在纬度较低的地方。在更高纬度的地方，生长期仅有 20 天左右。再向北到了北冰洋腹地，有些地衣每年只能生长 1—2 天，甚至根本不长。

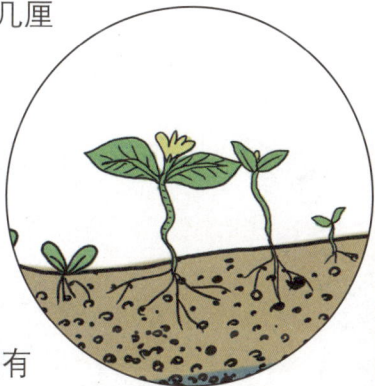

生长在极地苔原带的植物

苔原带的一些植物能在很短的时间内完成开花、结子等繁殖周期，有的仅仅需要 30 天。

20 极地"销户"的居民

极地是地球上最寒冷的地方，有一些动物曾经在这里坚强地生活过，可是，因为各种原因，它们最终从极地消失了。

▶ 水龙兽一度"势力庞大"，几乎统治了整个地球，在南极地区也有大量的分布

南极

◀ 在强大的人类面前，不到半个世纪时间，南极狼就被全部消灭了

▲ 猛犸也是一种大象，和现代象不同的是，它们主要生活在寒冷的北方地区

北极

▲ 南极火蜥蜴体长可达四五米，是典型的"庞然大物"，是三叠纪中期南极陆地上最大的动物

▼ 仅仅过了 27 年，斯特勒海牛便绝迹了

1 万年前的陆地老大——猛犸（měng mǎ）

　　如果有人问你陆地上最大的哺乳动物是什么？你肯定会回答说是大象。的确，大象长得高大、笨重，如今陆地上最大哺乳动物的称号非它们莫属。但在 1 万多年前，陆地上最大的哺乳动物可不是它们，而是它们的"亲戚"——猛犸。

　　猛犸也是一种大象，和现代象不同的是，它们主要生活在寒冷的北方地区，那时严寒的北极到处是它们的身影。为了应付严寒，猛犸把自己"武装"得非常严密。它们身上披着厚实的黑色长毛，皮也很厚，皮下有着厚达 9 厘米的脂肪层。

　　猛犸不但比大象长得高大，而且比现在的大象厉害得多。当时，所有的动物都不是它们的对手。可是，这样一个庞然大物如今却灭绝了。

　　猛犸灭绝的一个最重要的外部原因是全球气候变暖。气候变暖后，猛犸被迫向更北的地区迁徙，但是越往北走植物越少。当猛犸没了它们赖以生存的植物，就只好坐以待毙了。

当然，猛犸的灭绝还有其他原因，那就是人类的猎杀。为了取得食物，原始人常常对猛犸围追堵截，因为一头猛玛能够维持一个群落生活好长一段时间。

可怜的猛犸成为了人类活动的牺牲品！

有着悲惨命运的斯特勒海牛

在北极的浅水区，曾经生活着一种海洋动物，它们就是斯特勒海牛。斯特勒海牛是一种大型的海洋哺乳动物，它们的身长能达到 10 米。据说这种海牛可供食用，而且肉味鲜美。

1741 年，俄罗斯的探险家维图斯·白令率领一支探险队来到了白令海域，不经意间他们发现了斯特勒海牛，并费尽九牛二虎之力捉住了一只。

初次面对这种相貌丑陋的动物，人们不知它们到底有什么用。于是当时科学家对它们进行了"研究"。最后发现，海牛的肉可以食用，它们的脂肪可以拿来炼油。于是，一场残忍的屠杀开始了。仅仅过了 27 年，斯特勒海牛便绝迹了。

"人类朋友在开发地球的同时，一定要注意环境的保护，注意对野生动物的保护哦！"

一点儿也不像龙的水龙兽

考古学家们在冰天雪地的南极发现了一种爬行动物的骨骼化石，经过研究这种动物的化石是水龙兽的。

作为爬行动物的水龙兽，是恐龙的"晚辈"。但它们除了吃草外，和恐龙没有多少相似之处。恐龙个个是庞然大物，水龙兽却小得可怜，它们的身长只有 1 米左右。模样和恐龙也大相径庭，看上去像是被掐去了翅膀的"蝈蝈"，当然了，肯定比蝈蝈大些。

"不要看不起我们，我们可是哺乳动物的祖先呢。"

这不是水龙兽在吹牛，据英国科学家研究发现，水龙兽是所有哺乳动物的始祖。

水龙兽处在爬行动物到哺乳动物过渡的时期，也即在恐龙灭绝后才出现的。当时水龙兽没有天敌，一度"势力庞大"，几乎统治了整个地球，当然在南极地区也有大量的分布。

那么水龙兽凭什么统治地球的呢？因为它们会打洞，且会冬眠。这样当寒流袭来时，其他动物都被冻死了，水龙兽却幸运地存活了下来。

可是，水龙兽最后还是灭绝了，至于是什么原因，现在也没有定论。

曾经的南极霸主——南极火蜥蜴（xī yì）

看到这个名字，也许你会联想到"魔兽争霸"里的火蜥蜴，能吐火、吞噬火焰，其实那是近似于玄幻的一种想象，真正的火蜥蜴可不会吐火。

同样，南极火蜥蜴当然也不会吐火了。它们的模样跟我们常见的火蜥蜴差不多，不过个头比较大。一般的火蜥蜴也就是几厘米长，而南极火蜥蜴却可达四五米长，是典型的"庞然大物"，它们是三叠纪中期南极陆地上最大的动物。

曾经有人见到南极火蜥蜴的化石，把它错认为鳄鱼的化石。你还别说，南极火蜥蜴和鳄鱼的样子还真有的一拼，个头、模样都差不多。不过，南极火蜥蜴可不如鳄鱼"高级"。南极火蜥蜴是两栖动物，而鳄鱼是爬行动物。

南极火蜥蜴生活在南极上的时候，南极一年四季温暖如春。那时恐龙还没有出现，在南极大陆上，没有动物是它们的"对手"，所以它们就成了南极的一霸。长着满嘴獠牙的它们，经常以生活在水里的两栖类动物或者到河边饮水的陆地动物为食，过着非常"惬意"的生活。

可是好景不长，随着地球环境的变化，南极变得越来越冷，不耐寒冷的南极火蜥蜴就慢慢消亡了。

因人类捕杀而绝灭的南极狼

生活在离南极圈最近的马尔维纳斯岛（福克兰群岛）上曾经有一种狼，人们把它们称为南极狼。可在距今100多年前，这种狼彻底从地球上消失了。

到底出现了什么状况呢？

原来马尔维纳斯群岛水草丰美，特别适合发展畜牧业，于是当地人养殖了大量的猪、牛、羊等家畜。那时南极狼经常半夜潜入牧人的畜圈内偷食家畜，因此愤怒的当地人都把南极狼视为眼中钉。很快，一场声势浩大的灭狼运动开始了。

在强大的人类面前，不到半个世纪时间，南极狼就被全部消灭了。

"美人鱼"

海牛是一种生活在海洋里的哺乳动物，肉味鲜美，脂肪可以提炼润滑油，皮可以制革，甚至就连肋骨也可做象牙的替代品，真是全身是宝。一头成年的海牛，每天可吃 50 千克海洋植物，有"海洋清道夫"的绰号。

雌海牛肚子上有 1 对乳房，生长位置跟人类差不多，它们给幼崽哺乳的时候，乳房会露出水面，因此它们常被航海水手误认为是"美人鱼"。

据说哥伦布对美人鱼印象非常好。有一次航海，水手们捉到了一只海牛，告诉哥伦布这就是美人鱼的时候，哥伦布简直不敢相信美人鱼会有这么丑陋，于是他怀着失望的心情把那只"美人鱼"做成了自己的晚餐，并给它们命名——"海牛"，从此以后，海牛的名字就被叫开了。

海牛

21 北极常见鸟类

提到北极的代表性动物,自然非北极熊莫属。不过,北极可不是只有北极熊一种动物当家,在北极的天空上还飞着各式各样、极具特色的鸟类,它们也是北极的重要成员。

▼ 为了保护孵蛋的雌鸟,雄柳松鸡会奋不顾身地与入侵者进行斗争

◀ 作为一种候鸟，大西洋角嘴海雀每年都要在繁殖地与过冬地间往返一次

北极

▲ 黑雁们非常勤劳，每当黎明，它们就会成群结队地飞出去觅食

北极的"卡通脸"——大西洋角嘴海雀

大自然里有许多动物天生长着"卡通脸",生活在北极圈的大西洋角嘴海雀就是其中之一。

大西洋角嘴海雀的外形和企鹅很相似,它们穿着黑色的"晚礼服"、洁白的"衬衫",走起路来左摇右晃、步履蹒跚。但和企鹅不同的是,大西洋角嘴海雀的脸上化了厚厚的"浓妆",有着红色的嘴唇、白色的"粉底"、深黑色的"眼影",将自己打扮得卡通小丑的样子,所以人们也叫它们"小丑企鹅"。

后来,人们发现这些"小丑企鹅"居然会飞。原来大西洋角嘴海雀虽然只有小小的翅膀,但是它们翅膀拍打频率非常高,每分钟可以拍打 300 多次,直逼直升机螺旋桨的转速。

作为一种候鸟,大西洋角嘴海雀每年都要在繁殖地与过冬地间往

返一次。长相可爱的大西洋角嘴海雀能够在迁徙的过程中让更多人看到它们的美丽身影。

"我们身怀绝技。"

大西洋角嘴海雀的嘴一次可以卡住 N 多条鱼，据说最多有 60 多条。它们常常潜入很深的水中进行捕食，这可是一般企鹅做不到的。

"我们虽然长得像小丑，但是生活中我们可是捕猎的能手！"

最顽强的鸟——柳松鸡

自然界里既然有逗人取乐的"卡通脸"，当然也会有意志坚强的"励志形象"。作为这方面的典型，柳松鸡可谓"名副其实"。

柳松鸡生活在北极冰天雪地的苔原上，它们在那里顽强地对抗着冰雪，每当寒冷的冬日来临，它们就会在满是冰雪的岸边挖洞，以此来躲避刺骨的寒风。

为了能够适应天气环境的变化，柳松鸡的腿上长满了柔软的毛，在不同的季节里，柳松鸡常通过改变羽毛的颜色来调节体温和躲避天敌的袭击。在夏天，它们的羽毛成斑纹状的棕色；到了冬天，除了嘴尖有点黑色之外，身体其他部分都变成一尘不染的白色。

柳松鸡被称为会笑的快乐鸟。这是因为柳松鸡从早到晚，时不时会发出"go back, go back"的叫声，听来跟人类在咯咯笑一样。

更令人感动的是柳松鸡"守护家园"的精神。为了保护孵蛋的雌鸟，雄柳松鸡会奋不顾身地与入侵者进行斗争。即使是北极熊，它们也毫不畏惧。

具有"顽强精神"的柳松鸡在芬兰和美国很受欢迎。其中被美国阿拉斯加州选为州鸟，看来柳松鸡的精神实在是让很多人敬佩啊！

格陵兰"黑天使"——黑雁

黑雁属于鸭科鸟类，它们是典型的冷水性海洋鸟，耐得住严寒，喜欢栖息在海湾、海港等地。

黑雁，顾名思义，是一种通体都是黑颜色的鸟。它们的羽色为黑灰色，嘴和脚都是黑色，只有颈部两侧有特征性的白色花纹。如果我们恰巧看到一只正要展开翅膀飞翔的黑雁，仔细看吧，它们看起来就好比从天而降的"黑色天使"，"高贵"而且"典雅"。

黑雁们非常勤劳，每当黎明，它们就会成群结队地飞出去觅食，中午选择到水边休息、饮水和吞食沙粒等。晚上会准时地回到温暖的窝里休息。

黑雁善于飞行，而且飞得很快，有时它们从水面上飞起，总是不停地叫，好像是在炫耀自己的飞行本领。

"你们看，我们飞得快，姿势又优美！"

可能是受不了太过寒冷的天气，黑雁已经从冰天雪地的北极圈迁徙到了世界各地，美国、欧亚大陆，甚至是非洲北部，我们都能看到它们。

迷路的红胸黑雁

红胸黑雁

一只从北极冻原地带飞来的红胸黑雁最近成为四川广汉地区人们关注的焦点，大家对这位"不速之客"感到十分惊奇："它真的是从北极飞过来的吗？"

面对这个问题，成都鸟类协会的专家说："这是肯定的，红胸黑雁不可能到其他地方繁殖，这只孤雁来到我们四川广汉，只是过冬而已。也许是因为它在南迁的过程中，脱离了大部队，然后又迷失了方向，所以才误打误撞地飞到了这里。不过对于鸟类来说，能飞行这么远不得不说是一个奇迹！"

在察看了这只孤雁的身体状况之后，成都鸟类协会的专家接着说："在鸟类迁徙过程中，气候因素影响非常大，有时哪怕碰到一股寒潮，有成员就可能偏离迁徙的方向。"

此时有记者问道："这只孤雁会不会是逃逸鸟？"

对此，成都鸟类协会的专家表示"不可能"。"逃逸鸟是指那些经过人工喂养，后来偷偷逃出来的鸟类。"成都鸟类协会的专家说，"红胸黑雁我们能见到一次就很不容易了，怎

么可能是人工饲养？更何况家养的鸟一般都会剪翅膀，而我们面前的这只孤雁却十分健康。"

最后，有人问："这只北极来的红胸黑雁有没有可能留在这里繁殖后代？"

成都鸟类协会的专家说："红胸黑雁只会在欧亚大陆北部的北极冻原地带繁殖，这是经过自然界长期的演变，让红胸黑雁适应了特定产卵繁殖的环境的结果，到了我们这里，它们是不会产卵的，况且我们这里现在只有一只黑雁，怎么能繁育下一代呢！"

草丛中的一只红胸黑雁

22 它们有个共同的名字——鲸

在海洋馆我们经常会看到鲸表演的精彩节目，而且常把它们当成"大鱼"。其实，鲸不属于鱼类，它们是生活在海洋中的大型哺乳动物。

在极地海洋中就生活着一群鲸鱼，我们一起来认识它们吧。

南极

◀ 抹香鲸的大肠受到刺激后引起病变，会产生一种灰色或微黑色的分泌物，即龙涎香

◀ 虎鲸经常对海里的其他鲸类发起进攻，就连偶尔飞过海面的海鸟也不放过

▲ 长牙是实力的象征，雄独角鲸会以长牙互相较量，因为实力最强的可以娶很多妻子

◀ 蓝鲸是地球上现存最大的哺乳动物

北极

▼ 北极露脊鲸也叫弓头鲸，身体看起来像一个大约 20 米长的纺锤

◀ 鸟叫声、小孩的哭泣声、女人的尖叫声、病人的呻吟声、汽车的喇叭声等等，白鲸都会模仿

优秀的"口技"表演家——白鲸

有一种鲸鱼因身体呈白色而被叫做"白鲸"。

不要以为白鲸一直都是白色的,其实它们的颜色在不同的年龄和不同的时间也会发生变化。年轻的白鲸身体呈现灰色,随着年龄的增长它们的皮肤才逐渐变成白色。

一身"白衣"的白鲸可以说是海洋中最优秀的"口技"表演家了。

一大群白鲸聚集在一起特别好玩儿,它们会发出各种各样的声音。你要是听见了,可能会觉得自己"身处闹市",或者会误以为自己在听一场"交响音乐会"。

鸟叫声、小孩的哭泣声、女人的尖叫声、病人的呻吟声、汽车的喇叭声等等,白鲸都会模仿,而且模仿得惟妙惟肖。

"来吧!请朋友们欣赏我们的口技表演吧。"

世界上稀有的鲸——北极露脊鲸

你也许对白鲸比较了解，但是北极露脊鲸你就不一定了解了。因为北极露脊鲸是目前世界上最稀有的鲸类动物。1997年以来，科学家在北太平洋东部只发现了6条北极露脊鲸。

"看到这个数字，你们是不是觉得有点少呢？"

北极露脊鲸也叫弓头鲸，身体看起来像一个大约20米长的纺锤。它们的头比较大，占到整个身体的1/4。它们浮在海面上时，几乎有一半脊背暴露在水面以上，这就是它们名字的由来。除此之外，北极露脊鲸还有一个独特的标志，那就是它们喷出的水柱是双股的。

"呵呵，我们有个性吧。"

北极露脊鲸在捕食时，它们会张开大嘴慢悠悠地游动，这样很多鱼儿在不经意间就游进了它们的嘴里，成为北极露脊鲸的腹中餐了。

北极的"神秘人物"——北极角鲸

有一种在北极水域神出鬼没的鲸鱼，它们就是北极角鲸。听到这个名字，你或许已经猜到了，这种鲸鱼是不是长了一只长角呀？

差不多吧，不过它们头上长的不是角，而是牙——像角一样的牙。

北极角鲸大多数长着一颗长达 3 米的长牙，因此也被叫做一角鲸或独角鲸。

北极角鲸给人的感觉像是庞大的怪兽，因此它们还获得了一个外号"海洋独角兽"。它们的长牙是实力的象征，雄独角鲸会以长牙互相较量，因为实力最强的可以娶很多妻子。

"想知道我们的故事吗？那就自己寻找答案吧！"

北极角鲸的长牙据说可以包治百病，所以非常昂贵，其价格据说是黄金的 10 倍。

"世上有包治百病的药吗？那纯粹是瞎说！"

生性凶残的虎鲸

在南极的海洋里有一种鲸鱼，它们有着上下交错而锐利的牙齿，经常集体作战捕捉猎物。它们经常对海里的其他鲸类发起进攻，就连偶尔飞过海面的海鸟也不放过，它们犹如海底的大王一样，为此它们赢得了一个响亮的名字——虎鲸。

虎鲸性情凶狠，极为残暴。它们碰见一些小的海底动物时，不费吹灰之力就将其吞入口中；遇到体型较大的其他鲸类，它们会先将其包围，前后两只鲸，一只咬住头，一只咬住尾巴，剩下的都撕咬鲸的身体，一会儿一只鲸鱼就被撕得粉碎。

"我们可是海洋的霸主。"

虎鲸在游动时，常常将背部的鳍露出水面，看上去像背着戟倒在海上的士兵，因此人们又送给它们另外一个好听的名字——"逆戟鲸"。

虎鲸体型优美，身体线条流畅，游动起来非常敏捷。它们还会很多花样游泳技巧呢！什么仰着头游、翻滚、将身体直立在海里等等都会。

"想学花样游泳吗？我们教你。"

地球上最大的哺乳动物——蓝鲸

有一种鲸，在南极和北极的海洋中都能看到它们的身影，它们有着长长的身躯、青灰色的脊背，它们的名字叫"蓝鲸"。

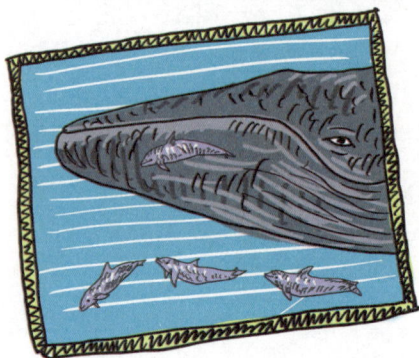

与其他须鲸一样，蓝鲸主要吃磷虾和小鱼，有时也吃鱿鱼。几十年前，几乎世界上的每一个海域中都生活着很多蓝鲸。后来，由于人类的大量捕杀，蓝鲸几乎灭绝。从 1966 年人们开始对蓝鲸进行保护后，它们的数量才得以逐渐回升。

"就算现在，我们家族的人口还是不太多。"

蓝鲸是地球上现存最大的哺乳动物，由于它们体型过大、过重，我们如今还不知道世界上最大的蓝鲸到底有多重。据说，刚出生的蓝鲸已经比一头成年大象还要重。

喜欢在深水里游的抹香鲸

　　抹香鲸在全世界各大海洋中都能存活，它们是世界上最大的齿鲸。

　　抹香鲸是鲸类中潜水最深、时间最长的哺乳动物。它们头重脚轻，非常适合潜水，可以在几千米的深海中自由出入。

　　据说，这与它们喜欢吃大王乌贼有很大的关系。为了能吃到美味的大王乌贼，它们常常潜到2200米的深海，时间久了它们逐渐适应了深海里的环境，而且还学会了长时间在海洋里潜水。据说，抹香鲸追猎大王乌贼时能"屏气潜水"达1.5小时。

　　"哈哈，潜水冠军非我们莫属！"

　　抹香鲸的大肠受到刺激后引起病变，会产生一种灰色或微黑色的分泌物，即龙涎香。龙涎香是珍贵的香料，也是名贵的中药。抹香鲸正是因为身体能产生这种香料，才有了"抹香鲸"这个名字。

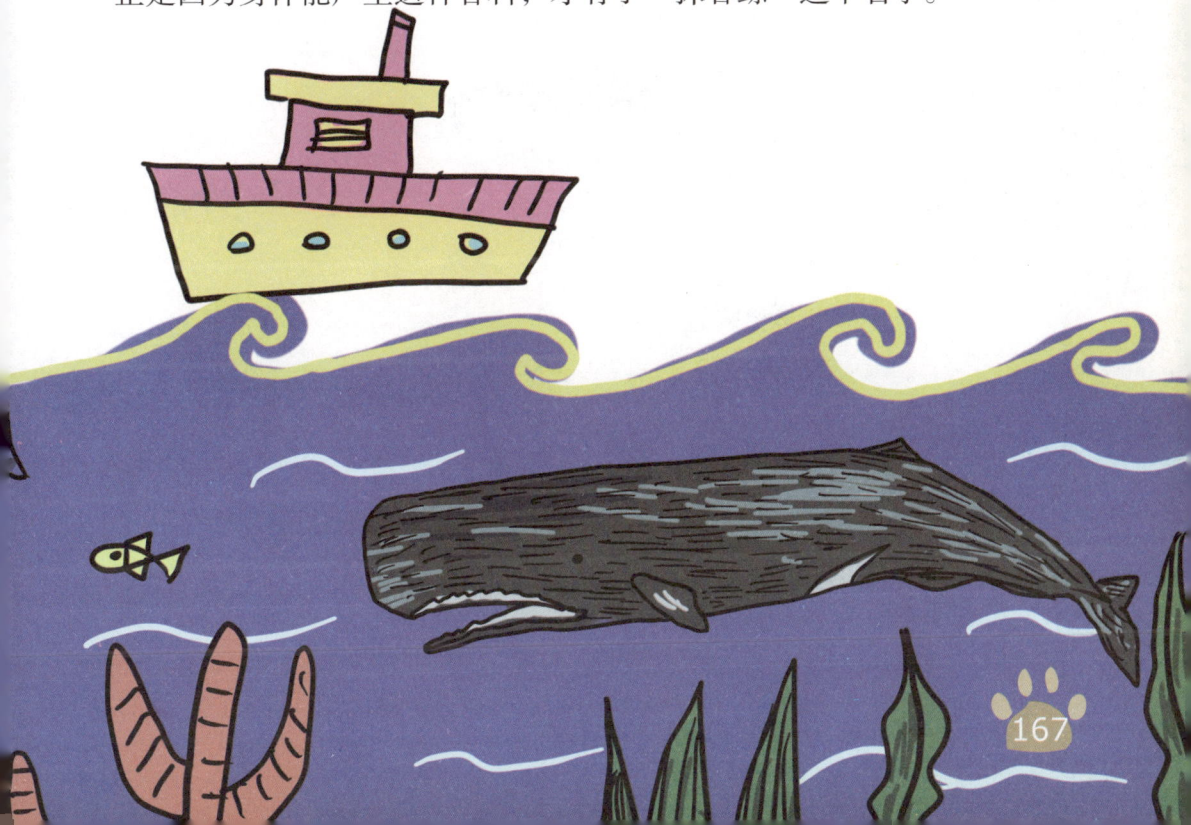

鲸鱼名片大搜集

看完了以上内容，你大概对生活在极地的鲸鱼有了大概的了解。它们还有一些信息，都在它们各自的名片上，现在我们一起来看看吧。

姓名：白鲸

别称：贝鲁卡鲸

年龄：30—40 年

白鲸

居住地：大致在环北极区分布，主要集中于北纬 50—80 度之间

姓名：北极露脊鲸

别称：弓头鲸

北极露脊鲸

年龄：一般都能活 100 岁以上，有人曾发现超过 120 岁的北极露脊鲸

居住地：北冰洋和邻近海域

姓名：北极角鲸

别称：独角鲸、角鲸、一角鲸

年龄：最长约 50 岁

居住地：北极海域

北极角鲸

姓名：虎鲸

别称：南极逆戟鲸

年龄：20—35 年

居住地：全世界各大海洋

虎鲸

姓名：蓝鲸

别称：剃刀鲸

年龄：至少 80 年

居住地：全世界各大海洋

蓝鲸

`

姓名：抹香鲸

别称：无

居住地：全世界各大海洋

抹香鲸

23 海豹家族

不管在南极还是北极，都有海豹存在。这些相貌"憨厚"的家伙，身上有厚厚的脂肪，它们非常喜欢寒冷的海域。

南极

▶ 威德尔海豹每隔十几分钟就需要浮出海面进行呼吸

▶ 豹海豹可以说是企鹅最危险的天敌。它们能在短短的 70 分钟内捉住 7 只企鹅，并把其中的 6 只吞进肚子里去

▼ 南象海豹的"模样"丑极了，身体灰灰的，还泛着青色，尤其是不讲卫生，让人觉得特别"脏"

北极

▶ 若是碰到小鱼小虾，髭海豹会用触须扎疼它们，直到把它们变成口中的美食

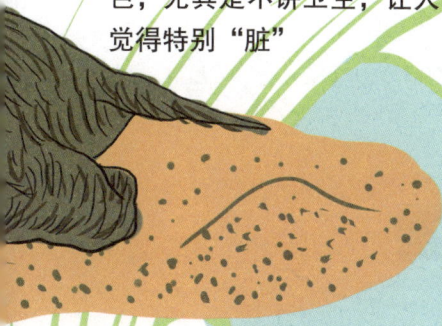

南极的"大个子"——威德尔海豹

威德尔海豹是生活在南极的一种动物，它们算得上是南极的"大个子"。一般的成年威德尔海豹身长可达 3 米左右，体重净重 300 多千克！

跟一般的动物不一样，威德尔海豹很喜欢冰冷的感觉，所以居住在寒冷的南极对它们来说最适合不过了。

"并不是我们真的喜欢寒冷，我们只不过是有防冷措施而已！"

威德尔海豹生活在海洋里，它们甚至能在冰冷的海水里过完整个冬天。但是威德尔海豹能这么耐寒并不是因为它们有什么特异功能，而是因为它们身上有一层厚厚的脂肪，能够保护它们免遭冻伤。

"我们也有苦衷啊！"

面对南极的寒冷，威德尔海豹看似已经习惯了。但是，威德尔海豹每隔十几分钟就需要浮出海面进行呼吸，而冬天的南极海面上会结一层厚厚的冰，这让需要经常到海面上透气的威德尔海豹很是痛苦。不过，幸亏它们有锋利的牙齿，当感到实在呼吸困难时，它们就会用锋利的牙齿啃出个冰窟窿来。

但令人遗憾的是，威德尔海豹因终日需要用牙齿和鼻子打洞，很多威德尔海豹的嘴都磨破了，牙齿也磨短了。当威德尔海豹失去了锐利的武器后，就再也无法同它们的敌人进行搏斗来保护自己了。

南极的"冷血杀手"——豹海豹

豹海豹也是海豹的一种，它们生活在南极洲周边的海洋里。由于豹海豹的脖子是白色的，并且还夹杂一点黑色的斑点，有点像豹纹，故得名"豹海豹"。

"我们可不像别的海豹那样温顺，而是海洋里出了名的狠角色！"

豹海豹们的牙齿非常锋利，什么东西一旦被它们咬住，几乎就没有挣脱的可能。它们虽然吃鱼、乌贼等海洋动物，但主要食物却是企鹅。豹海豹可以说是企鹅最危险的天敌。它们能在短短的 70 分钟内捉住 7 只企鹅，并把其中的 6 只吞进肚子里去。因此当企鹅遇见豹海豹，就像遇到了"索命鬼"一样。

令人感到不可思议的是，豹海豹也会捕捉自己的同类，有时候它们甚至还敢主动攻击鲸鱼。

可以说，豹海豹是南极名副其实的"冷血杀手"！

有着大鼻子的南象海豹

南象海豹虽然是海豹，却长了一个能伸缩的、象鼻一样的大鼻子。

如果它们情绪上有波动，鼻子还会迅速膨胀，并且发出一种奇怪而且非常响亮的声音，所以这种形状奇特的海豹就被叫做"象海豹"。又由于它们生活在南极周围，所以又被叫做"南象海豹"。

如果你没见过南象海豹，可能以为它们很好看。其实，南象海豹的"模样"丑极了，身体灰灰的，还泛着青色，尤其是不讲卫生，让人觉得特别"脏"。每到换毛季节，南象海豹成群地拥挤在一起，而且专挑长着苔藓的泥坑，非要搞得自己满身是泥、脏兮兮不可。

"我们就是这么脏，怎么着？"

南象海豹个头特别大，雄性的南象海豹体长能够超过 6 米，雌性的体长也超过 3 米。但是你别看它们身体肥胖、行动缓慢，身体各部位却非常灵活。它们的头向后背、尾巴方向可以大幅度弯曲,能超过 90 度。

胆小如鼠的髯（zī）海豹

有一种海豹的样子怪怪的，它们的嘴边密密麻麻地长着一些笔直而又粗硬的"胡须"，它们被称作"髯海豹"。因为它们长着胡须，又被人亲切地称为"胡须海豹"。

髯海豹的"胡须"是一种感觉毛，就是"触须"。跟小猫小狗的"胡须"是一样的。除了好看，用处还非常多。若是碰到小鱼小虾，髯海豹会用触须扎疼它们，直到把它们变成口中的美食。髯海豹触须的感应能力特别强，当有敌人来袭的时候，它们的触须就会迅速收到信号，这样等到敌人真正到达的时候，它们早就逃之夭夭了。

虽然髯海豹有"胡须"坐镇，但它们的胆子还是小得出奇。它们在冰面上活动的时候，就算感觉到有一点点危险，也会立刻逃到海中，并且雄性髯海豹会发出很粗的吼声来提醒大家。

"我们这样也是为了安全起见，不怕一万就怕万一嘛！"

图书在版编目（CIP）数据

超级可爱的极地动物＋植物／张慧琴编著. —杭
州：浙江工商大学出版社，2012.1
（我的第一套动植物趣味百科地图／曹德志主编）
ISBN 978-7-81140-337-4

Ⅰ. ①超…　Ⅱ. ①张…　Ⅲ. ①动物－极地－少儿读物
②植物－极地－少儿读物　Ⅳ. ① Q95-49 ② Q94-49

中国版本图书馆 CIP 数据核字（2011）第 144570 号

超级可爱的极地动物＋植物

张慧琴　编著

责任编辑	郑　建	
责任校对	周敏燕	
责任印制	汪　俊	
出版发行	浙江工商大学出版社	

（杭州市教工路 198 号　邮政编码 310012）
（E-mail :zjgsupress@163.com）
（网址 :http://www.zjgsupress.com）
电话 :0571-88904980，88831806（传真）

排　　版	汇知图书	
印　　刷	杭州杭新印务有限公司	
开　　本	710mm×980mm　1/16	
印　　张	11	
字　　数	132 千	
版 印 次	2012 年 1 月第 1 版　2012 年 1 月第 1 次印刷	
书　　号	ISBN 978-7-81140-337-4	
定　　价	25.00 元	